问题解决与数学学习

——技工院校数学教学实践与探究

邓佳欣　田满红◎主编

科学技术文献出版社

SCIENTIFIC AND TECHNICAL DOCUMENTATION PRESS

·北京·

图书在版编目（CIP）数据

问题解决与数学学习：技工院校数学教学实践与探究 / 邓佳欣，田满红主编. —北京：科学技术文献出版社，2023.4
ISBN 978-7-5235-0162-7

Ⅰ.①问… Ⅱ.①邓… ②田… Ⅲ.①数学教学—教学研究—技工学校 Ⅳ.① 01-42

中国国家版本馆 CIP 数据核字（2023）第 064465 号

问题解决与数学学习——技工院校数学教学实践与探究

策划编辑：李 蕊 胡 群 责任编辑：王 培 责任校对：王瑞瑞 责任出版：张志平

出　版　者	科学技术文献出版社	
地　　　址	北京市复兴路15号　　邮编　100038	
编　务　部	(010) 58882938，58882087（传真）	
发　行　部	(010) 58882868，58882870（传真）	
邮　购　部	(010) 58882873	
官方网址	www.stdp.com.cn	
发　行　者	科学技术文献出版社发行　全国各地新华书店经销	
印　刷　者	北京厚诚则铭印刷科技有限公司	
版　　　次	2023 年 4 月第 1 版　2023 年 4 月第 1 次印刷	
开　　　本	787×1092　1/16	
字　　　数	171 千	
印　　　张	8.5	
书　　　号	ISBN 978-7-5235-0162-7	
定　　　价	38.00元	

《问题解决与数学学习——技工院校
数学教学实践与探究》
编委会

前　言

　　本书以人力资源社会保障部印发的《技工院校数学课程标准（2016）》为依据，根据技工院校的教学特点，在充分调研和吸收一线教师意见的基础上编写而成，供教师在教学中参考。本书内容面向应用型、技术技能型人才培养，注重学生职业技能、职业素养和数学学科核心素养的提升。

　　为满足不同年级和不同专业类别教学的需要，本书分为两个部分：第一至第七章为中级工部分，第八至第十六章为高级工部分，每一章分别对应生物制药专业、数控专业、机电专业、汽车商务专业、电气专业等，定向为专业学习和岗位工作服务。

　　"在工作中学习、在学习中工作"是技工教育需秉持的理念。推进工学一体化，就是着力实现从知识灌输向能力培养转变、从课堂教学向生产教学转变、从书本教学向实践教学转变。本书通过设置个性化、多样化的实践栏目，促使学生综合运用数学知识技能处理专业、生活和未来工作中的问题，提高判断能力和解决实际问题的能力。同时，每个知识点都有思想政治元素的融入，促使学生养成实事求是、积极进取的精神，展现"大国工匠"的风采。

　　此外，本书每个章节均有对应的知识点、教学建议和学习背景，帮助教师更加直观地把握教学重点。

目 录

第一章

感受数学之美——制作数学家介绍手册

◇ 学习背景与预期目标

在世界数学历史长河中，涌现出了许许多多杰出的数学家，他们运用专业的知识与方法解决了许多科学领域的难题，为人类的发展做出了重要贡献。你认识哪些数学家？你对他们的了解又有多少？收集你感兴趣的数学家的简介、故事、代表理论、著作等信息，制作一本数学家介绍手册，向更多的人介绍他们。

本课内容主要为感受数学的魅力，探究数学的奥秘，提高数学素养。

◇ 适用专业

中级工——全部专业

◇ 知识点

数学家生平

◇ 建议学时

2 课时（90 分钟）

◇ 教学准备

学材：A4 纸（各组 4 张）、12 色彩笔（各组 1 盒）
分组设置：4 人一组

◇ 任务概述

使用 A4 纸制作数学家介绍手册，并进行装订。

◇ 教学过程

一、创设情景（10 分钟）

教师用 PPT 展示中外知名数学家。

参考提问：

1. 这些数学家你们都认识吗？

2. 你可以说出他们的哪些定理或著作？

3. 你还知道哪些数学家？

二、接受任务（10 分钟）

1. 教师发布任务，即上网查阅资料，并使用 A4 纸制作不少于 10 名数学家的介绍手册。

2. 小组讨论选择要查找的数学家，至少 10 名。

参考提问：

1. 如何介绍数学家？

2. 如何把数学元素融入介绍手册中？

三、填写表格（25 分钟）

1. 小组讨论，分别查找 10 名数学家的姓名、简介、代表定理或著作。

2. 将查找的内容整理好后填写至表 1-1。

表 1-1　数学家简介

序号	姓名	简介	代表定理或著作
1			
2			
3			
4			

续表

序号	姓名	简介	代表定理或著作
5			
6			
7			
8			
9			
10			

3.将填写的表格进行整理、完善。

四、制作介绍手册（20 分钟）

1.小组讨论，确定介绍手册的主题与形式。

2.完成介绍手册。

五、交流与展示（15 分钟）

1.各小组至少派 1 名代表进行展示与介绍。

2.其余小组仔细聆听，并进行提问。

参考提问：

1.你们选择了哪 10 名数学家？

2.你最喜欢哪一名数学家，为什么？

3.你认为哪个组的介绍手册完成得最好，为什么？

六、评价与总结（10 分钟）

1.各小组分别进行总结与展示。

2.教师进行总结和提问。

参考提问：

1. 你们组是如何进行分工的？

2. 通过对数学家的介绍，你认为为什么要学习数学？

◇ 教学建议

1. 根据班级情况，教师可以课前准备数学家简介。

2. 程序班级、多媒体班级的学生可以制作电子版介绍。

第二章

pH 值的检测——对数

◇ 学习背景与预期目标

氢离子浓度指数，也称 pH 值、酸碱值，是溶液中氢离子活度的一种标度，也就是通常意义上溶液酸碱程度的衡量标准。

本课主要学习对数的相关知识点。了解对数的定义、基本性质、运算法则、换底公式等，利用计算器求出对数值，最后计算出 pH 值，提升数学计算能力，同时培养学生的数学思维、逻辑思维、数学计算等数学学科核心素养。

◇ 适用专业

中级工——生物制药专业

◇ 建议学时

2 课时（90 分钟）

◇ 教学准备

学材：A4 纸（各组 1 张）、12 色彩笔（各组 1 盒）、学习任务页

分组设置：4 ~ 6 人一组

◇ 任务概述

本次课程通过溶液浓度检验记录单（表 2-1），清楚确定鉴定项目、精度指标，并根据自检结果判定溶液是否合格。提示学生学好对数的相关知识点，启发并引导学生探究生活中的数学，从而培养其发现问题、分析问题、解决实际问题的能力。

◇ 教学过程

一、创设情景（10 分钟）

在学院校企合作项目中，有一批已经由企业新入职员工配制出的溶液——醋酸、盐酸、硫酸与盐酸的混合溶液。为了保证配制质量，现委托学生根据检测单进行检测，并填写溶液浓度检验记录单。根据企业标准，判断溶液是否合格，分别将合格产品与不合格产品进行标注。

表 2-1　溶液浓度检验记录单

序号	鉴定项目	精度指标	自检	结果判定
1				
2				
3				
组内检验员签字				
专检检验员签字				

参考提问：

1. 根据表 2-1，你知道专业课程中如何检测醋酸、盐酸、硫酸与盐酸的混合溶液的浓度吗？

2. 你能将检测出的 3 种溶液书写成对数吗？

3. 你能使用换底公式将对数值进行变形，利用计算器进行求解吗？

4. 你能将求解出的 pH 值填写至溶液浓度检验记录单，并进行比较，以判断溶液是否符合企业标准吗？

5. 你能将合格与不合格产品进行标注吗？

二、明确学习任务（10 分钟）

1. 要求学生根据创设情景中的描述知道本节课程需要解决的问题。

2. 写出关键词。

三、合作探究、小组讨论完成（20 分钟）

1. 要求学生根据阅读材料，理解溶液浓度与 pH 值的关系。

（1）$c = \dfrac{n}{V}$（n—摩尔数，V—体积）。

（2）$n = \dfrac{m}{M}$（m—质量，M—摩尔质量）。

（3）pH 值是溶液中 c（H^+）的负对数。

$$pH = -\lg c（H^+）；\quad pOH = -\lg c（OH^-）；\quad pH + pOH = 14。$$

2. 小组讨论，合作完成，填写表 2-2。

表 2-2　典型案例

序号	案例	解题步骤
1	求出下列 H^+ 的 pH 值，H^+ 浓度分别为 0.01 mol/L、2.1×10^{-3} mol/L、1.1×10^{-11} mol/L	
2	计算 0.05 mol/L　HCl 溶液的 pH 值和 pOH 值	
3	欲配制 c（Na_2CO_3）=0.5 mol/L 的溶液 500 mL，应称取 Na_2CO_3 多少克？	

四、拓展探究，合作学习，参阅课本学习对数的基本知识（30 分钟）

1. 对数的基本性质如表 2-3 所示。

表 2-3　对数的基本性质

1.
2.
3.

2. 对数的运算法则如表 2-4 所示。

表 2-4　对数的运算法则

1.	
2.	
3.	

3. 换底公式如表 2-5 所示。

表 2-5　换底公式

1.	
2.	

4. 学生利用对数的知识进行计算，并填写溶液浓度检验记录单。

五、交流与展示（15 分钟）

各组选派代表展示溶液浓度检验记录单，根据时间选择小组数量。

参考提问：

1. 你们组检测的溶液都是合格的吗？

2. 你认为溶液不合格的原因可能是什么？

六、评价与总结（5 分钟）

1. 各小组分别进行总结与展示。

2. 教师进行总结和提问。

◇ 教学建议

　　1. 教师可以根据班级实际情况，决定是否需要进行专业知识的复习回顾（例如，如何进行 pH 值检测）。

　　2. 教师要求学生课后完成溶液不合格的原因分析，并进行总结。

第三章

工件加工中的数学 —— 解直角三角形

◇ 学习背景与预期目标

图纸的尺寸、公差、坐标计算、角度计算……对于数控专业的学生来说，这些都是在专业学习和今后的工作中要天天面对的元素，如何高效、正确地解决角度问题？

本课主要应用解直角三角形的相关知识点。要求了解解直角三角形的方法，准确计算出相应的边角，提升数学计算能力、学生专业技能与素养，感悟数学计算在数控专业中的重要性。

◇ 适用专业

中级工——数控专业

◇ 建议学时

2 课时（90 分钟）

◇ 教学准备

学材：A4 纸（各组 5 张）、12 色彩笔（各组 1 盒）

分组设置：4 人一组

◇ 任务概述

通过分析一个锥形工件的尺寸和角度，知道学习直角三角形的重要性，根据这个案例引导学生认真学习解直角三角形的方法，提升学生解决实际问题的能力和数学素养。

◇ 教学过程

一、创设情景（10 分钟）

教师通过 PPT 展示一个锥形工件，提出问题：你能制作出这个工件吗？激发同学们的学习兴趣，之后请同学们进行分析，利用什么数学知识能够解决这个问题。

下面是一个典型的案例，如图 3-1 所示。

车削锥形工件时，$D=60$ mm，$d=40$ mm，$L=100$ mm，求小拖板所转过的角度 $\alpha/2$（精确到分）。

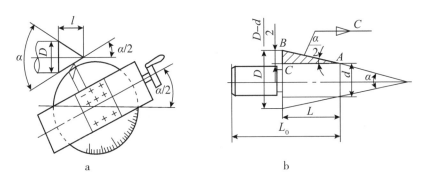

图 3-1　车削锥形工件

参考提问：

1. 从图 3-1 可知，已知条件是什么？

2. 已知量与未知量的关系如何？

3. 你知道未知量是什么？如何求出？

二、明确学习任务（10 分钟）

1. 要求学生认真阅读材料 3-1。

2. 理解解直角三角形的方法，填写表 3-1。

阅读材料 3-1

三角形的三条边与三个角称为三角形的基本元素。

在直角三角形 ABC 中，各基本元素之间有哪些关系？

（1）锐角之间的关系：$\angle A+\angle B=90°$。

（2）三边之间的关系：$a^2+b^2=c^2$。

（3）边角之间的关系：$\sin A=\dfrac{\text{对边}}{\text{斜边}}=\dfrac{a}{c}$，$\cos A=\dfrac{\text{邻边}}{\text{斜边}}=\dfrac{b}{c}$，$\tan A=\dfrac{\text{对边}}{\text{邻边}}=\dfrac{a}{b}$。

表 3-1　直角三角形的边角关系

锐角之间的关系	
三边之间的关系	
边角之间的关系	

三、合作探究、小组讨论，完成典型案例的计算（20 分钟）

1. 小组讨论，在规定时间内按照教师的要求完成所布置的任务。

2. 要求学生完成任务时注意规范书写，计算结果正确。

典型案例 3-1

若要在图 3-2 所示工件上钻 75° 的斜孔，可将工件的一端垫高，使之与工作台面呈 15° 的倾斜角，问应将离 A 点 800 mm 远处垫起多高？（精确到 0.1 mm。$\sin 15°\approx 0.259$，$\cos 15°\approx 0.966$，$\tan 15°\approx 0.268$）

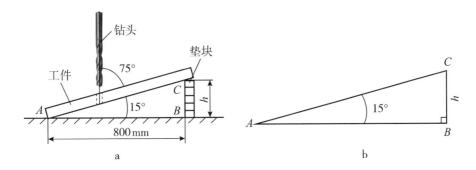

图 3-2　工件展示

典型案例 3-2

选用 80 mm × 80 mm × 20 mm 的毛坯工件，将其加工成如图 3-3 所示的凸台外形轮廓，试写出关键点 A 的坐标（精确到 0.01 mm）。

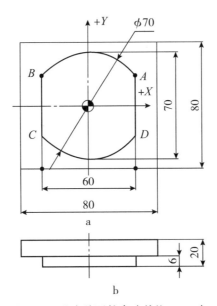

图 3-3　凸台外形轮廓（单位：mm）

典型案例 3-3

求车削锥形工件的角度时，小拖板所转过的角度 $\alpha/2$（精确到分），其中 $D = 60$ mm，$d = 40$ mm，$L = 100$ mm（图 3-4）。

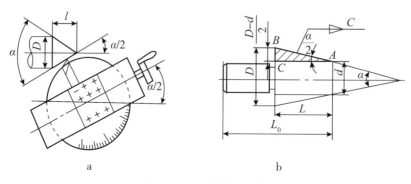

图 3-4 车削锥形工件

四、拓展探究，合作学习（学习锥度和斜度，30 分钟）

1. 要求学生认真阅读材料 3-2。

2. 理解锥度和斜度的概念，填写表 3-2。

阅读材料 3-2

锥度指圆锥的底面直径与锥体高度之比，如果是圆台，则为上、下两底圆的直径差与锥台高度之比。图中标注锥度为 $1:n$，其含义是：在 n mm 的长度内，两端直径差为 1 mm，图中 α 叫作斜角，ϕ 叫作锥角（圆锥轴的截面的顶角），即 $\phi = 2\alpha$，如图 3-5 所示。

斜度指一直线对另一直线（或平面）的倾斜程度。其大小用它们之间的夹角的正切表示。图中标注斜度为 $1:n$，其含义是：在水平距离 n mm 的长度内，高度相差 1 mm，α 叫作斜角，即 $\tan \alpha = \dfrac{H-h}{L} = \dfrac{1}{n}$，如图 3-6 所示。

注意：虽然锥度和斜度是两个不同的概念，但是它们有着紧密的联系。

表 3-2 锥度、斜度

锥度	
斜度	

3. 学生完成典型案例 3-4、典型案例 3-5 的计算。

典型案例 3−4

如图 3−5 所示的圆锥销中，其锥度为 1∶50，大端直径为 30 mm，小端直径为 28.8 mm，求锥角长度 L、斜角 α 和锥角 ϕ（精确到分）。

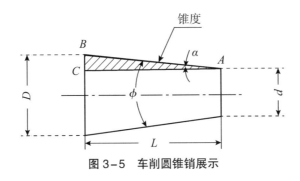

图 3−5　车削圆锥销展示

典型案例 3−5

如图 3−6 所示的车削斜垫块，斜度为 1∶20，小端尺寸 h 为 6 mm，长度 L 为 70 mm，求大端尺寸 H（精确到 0.01 mm）。

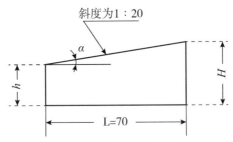

图 3−6　车削斜垫块展示（单位：mm）

五、交流与展示（15 分钟）

根据学习任务完成的情况，各组选派代表展示成果。（自主选 2～3 组学生进行讲解，其他同学提问）

六、评价与总结（5 分钟）

1. 小组选派代表进行总结与展示。

2. 教师进行总结和提问。

参考提问：

1. 你们组计算结果不正确的原因是什么？

2. 你认为解直角三角形的关键是什么？

◇ 教学建议

1. 教师可以根据班级实际情况决定是否需要进行专业知识的复习回顾（例如，解直角三角形的方法、三角函数的定义）。

2. 教师要求学生完成相关案例的计算，并且计算步骤及结果正确，注意精确度。

第四章

计算正弦交流电的角频率 —— 正弦函数

◇ 学习背景与预期目标

交流电是指大小和方向随时间作有规律变化的电压和电流，又称交变电流。正弦交流电是随时间按照正弦函数规律变化的电压和电流。由于交流电的大小和方向都是随时间不断变化的，也就是说，每一瞬间电压和电流的数值都不相同，所以在分析和计算交流电路时，必须标明它的正方向。正弦函数是机电专业经常用到的知识点。

本课主要学习正弦函数的相关知识点。了解正弦函数的概念、图像和性质，同时培养学生的数学思维、逻辑思维、数学计算能力。

◇ 适用专业

中级工——机电专业

◇ 建议学时

2 课时（90 分钟）

◇ 教学准备

学材：A4 纸（各组 1 张）、12 色彩笔（各组 1 盒）、学习任务页

分组设置：4～6 人一组

◇ 任务概述

作为机电专业的学生，需要认真学习正弦函数的相关知识点、正弦量的三要素，了解正弦函数的概念、图像和性质，学会计算角频率和周期等，为今后的工作打下良好的基础。

◇ 教学过程

一、创设情景（10分钟）

教师利用 PPT 展示一个典型案例，这个案例就是本课需要解决的实际问题，学生要将其转化为数学问题。

下面是一个典型的案例。

已知正弦交流电 i（A）与时间 t（s）的函数关系为 $i = 30\sin\left(100\pi t - \dfrac{\pi}{4}\right)$，写出电流的最大值、周期、频率和初相。

参考提问：

1. 从函数关系式中得知，已知条件是什么？

2. 已知量与未知量的关系如何？

3. 未知量是什么？如何求出？

二、明确任务（10分钟）

1. 要求学生认真阅读材料 4-1。

2. 根据理解填写表 4-1。

阅读材料 4-1

（1）周期为 $T = \dfrac{1}{f}$；角频率为 $\overline{\omega} = 2\pi f$。

（2）理解正弦量的三要素。

正弦函数 $y = A\sin(\overline{\omega}x + \varphi)$，$A$ 称为正弦量的最大值；$T = \dfrac{2\pi}{\overline{\omega}}$，$T$ 称为正弦量的周期；$f = \dfrac{1}{T}$，f 称为正弦量的频率；$\overline{\omega}x + \varphi$ 的值称为相位；$\overline{\omega}$ 称为角频率；φ 称为初相。

因此，频率（周期）、最大值（振幅）和初相称为正弦量的三要素。

表 4-1 正弦量的三要素

周期	
振幅	
初相	

三、合作探究，小组讨论完成典型案例的计算（30 分钟）

1. 小组讨论，在规定时间内按照要求完成所布置的任务，如典型案例 4-1 至典型案例 4-3 所示。

2. 要求学生在完成任务时注意步骤，书写要规范，计算结果正确。

典型案例 4-1

试求 $f = 50\,\text{Hz}$ 的正弦交流电的周期和角频率。

典型案例 4-2

中央人民广播电台某个频道调频为 $610\,\text{kHz}$，求出它的周期和角频率。

典型案例 4-3

已知正弦交流电 $i(\text{A})$ 与时间 $t(\text{s})$ 的函数关系为 $i = 30\sin\left(100\pi t - \dfrac{\pi}{4}\right)$，写出电流的最大值、周期、频率和初相。

四、拓展探究，合作学习（20 分钟）

1. 要求学生阅读材料 4-2。

2. 理解"五点法"，绘出正弦函数图像，根据图像得出其性质，填写表 4-2。

阅读材料 4-2

1. 用描点法画出 $y = \sin x$ 在区间 $[0, 2\pi]$ 上的图像（图 4-1）。

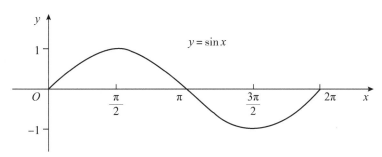

图 4-1 正弦函数

2. 将函数图像向两边扩展得出正弦曲线（图 4-2）。

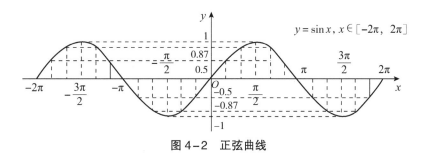

图 4-2 正弦曲线

3. 确定正弦函数的性质（定义域、值域、周期性），填写表 4-2。

① 定义域：**R**。

② 值域：$[-1, 1]$，$x = \dfrac{\pi}{2} + 2k\pi$（$k \in \mathbf{z}$），$y_{\max} = 1$；

$$x = \dfrac{3}{2}\pi + 2k\pi \ （k \in \mathbf{z}），y_{\min} = -1。$$

③ 周期性：$T = 2\pi$ 最小正周期。

表 4-2　正弦函数图像和性质

"五点法"绘出正弦函数图像	
正弦函数的定义域	
正弦函数的值域	
正弦函数的最小正周期	

五、交流与展示（15分钟）

根据学习活动的内容进行小组成果展示，各组选派代表展示成果。（自主选2～3组学生进行讲解，其他同学提问）

参考提问：

1. 你们知道正弦量的三要素吗？

2. 你能利用"五点法"绘出正弦函数图像吗？

六、评价与总结（5分钟）

1. 小组选派代表进行总结与展示。

2. 教师进行总结和提问。

◇ 教学建议

1. 教师可以根据班级实际情况，决定是否需要进行数学知识的复习回顾（例如，直角三角形的边角关系）。

2. 要求学生课后完成案例的计算且结果正确，并对正弦函数的图像和性质进行总结。

第五章

出租车计费问题探究——分段函数的应用

◇ 学习背景与预期目标

数学来源于生活，应用于生活。本课以出租车计费问题为例，学习分段函数知识，运用数学知识解决生活中的实际问题。通过阶梯计费相关生活实例，启发引导学生探究生活中的数学、身边的数学，从而培养其发现问题、分析问题、解决问题的能力；同时进行绿色出行、节能减排、环境保护、义务纳税等思想政治教育，引导学生要关心社会民生、奉献社会。

◇ 适用专业

中级工——全部专业

◇ 知识点

分段函数

◇ 建议学时

2 课时（90 分钟）

◇ 教学准备

学材：A4 纸（各组 5 张）、12 色彩笔（各组 1 盒）
分组设置：6 人一组

◇ 任务概述

本课以出租车计费问题探究为例来学习分段函数知识，并将分段函数知识进一步推广应用，通过对出租车、公交、地铁、水、电、燃气、寄信、个税等阶梯计价相关生活实例的探究，激发学生的学习兴趣。

◇ 教学过程

一、创设情景（5分钟）

张同学放寒假时从学校乘出租车去北京站，计价车费为 52 元，他觉得车费太贵，肯定是计价有问题，司机却说是因为堵车，这还是没收燃油附加费的价格。双方都觉得委屈，请同学们帮忙评评理，北京出租车到底是如何计费的呢？

参考提问：

1.北京出租车的计费标准是什么？

2.如何计算出租车费用？（应用什么知识？有什么特点？）

3.请你说出生活中类似的分段（阶梯）计费的实际例子有哪些？

二、明确问题（20分钟）

教师用 PPT 展示本次课程任务，并邀请学生进行合作探究，收集北京出租车收费标准；对收集的信息进行分析处理、计算整理后填写表 5-1；小组展示成果。

表 5-1　北京市出租车收费标准一览

	白天（5：00—23：00）	夜间（23：00—5：00）
$x \leq 3$ 公里（起步价，元）		
3 公里 $< x \leq 15$ 公里（基本单价，元/公里）		
$x > 15$ 公里（基价后单价，元/公里）		
燃油附加费		
其他情况	1. 2. 3. 4.	

参考提问：

1. 如何收集信息？信息来源、渠道分别是什么？（官方渠道、正规渠道）

2. 出租车的计费标准是什么？

3. 出租车计费有什么特点？

4. 如何计算出租车费用？（应用什么知识？）

三、合作探究：结合实例、寻求方案（20分钟）

1. 同学去新华书店购书，从学校到书店约 2.5 公里，回来时乘出租车估计多少元？

2. 李同学课间下楼梯不小心扭伤脚踝（安全要牢记！），从学校去 B 医院约 10 公里，乘出租车估计多少元？

3. 合作探究，写出出租车白天正常行驶小于 15 公里的收费分段函数关系式。

4. 情景问题：张同学放寒假时乘出租车去北京站（约 14 公里），应付多少元？堵车约 30 分钟，总共应付多少元？

5. 合作探究，写出出租车白天正常行驶大于 15 公里的收费分段函数关系式。

6. 情景问题：李老师上午下课后为赶火车去外地学习，乘出租车去火车站，大约有 28 公里，大家分析一下估计应付多少元？

7. 总结：列出白天正常行驶 3 种情况的分段函数关系式。

四、拓展应用、合作探究（25分钟）

应用所学分段函数知识解决生产生活中的实际问题。

典型案例 5-1

北京市公共汽车收费标准如表 5-2 所示，参照票制规则计算票价。

表5-2　北京市公共汽车收费标准

数值范围/公里	0~10（不含0、含10）	10~15（不含10、含15）	15~20（不含15、含20）	以此类推，每增加5公里增加1元
对应票价/元	2	3	4	

1.参照票制规则，写出分段函数关系式。（根据下面的提示写出3段即可）

$$y=\begin{cases} \underline{\quad\quad}, & (0，10] \\ \underline{\quad\quad}, & (10，15] \\ \underline{\quad\quad}, & (15，20] \end{cases}$$

2.请分别计算出行驶12公里、20公里所需要的车费。

典型案例5-2

参照北京地铁计费标准，解决下列问题。

乘坐地铁（不包括机场线）具体方案如下：6公里（含）内3元，6公里至12公里（含）4元，12公里至22公里（含）5元，22公里至32公里（含）6元，32公里以上部分每增加1元可乘坐20公里。使用公交一卡通刷卡，每自然月内每张卡支出累计满100元以后的乘次，价格给予8折优惠；满150元以后的乘次，价格给予5折优惠；支出累计达到400元以后的乘次，不再享受打折优惠。

小李上班时，需要乘坐地铁15.9公里到达单位，每天上下班乘坐两次，每月按照上班22天计算，如果小李每次乘坐地铁都使用公交一卡通，那么：

（1）小李每月第1次乘坐地铁时，他刷卡支出的费用是_____元；

（2）第21次乘坐地铁时，他刷卡支出的费用是_____元；

（3）参照票制规则，写出分段函数关系式。（根据下面的提示写出4段即可）

$$y=\begin{cases} \underline{\hspace{2cm}}, & (0,\ 6] \\ \underline{\hspace{2cm}}, & (6,\ 12] \\ \underline{\hspace{2cm}}, & (12,\ 22] \\ \underline{\hspace{2cm}}, & (22,\ 32] \end{cases}$$

（4）他每月上下班乘坐地铁的总费用是_____元。

典型案例 5-3

水、电、燃气、寄信、个税等任选两项，在网上收集相关阶梯计费标准（参见文后阅读材料），写出阶梯计费标准及分段函数关系式。

五、交流与展示（15 分钟）

1. 各小组推选一名代表进行典型案例 5-3 的展示。展示内容主要包括：如何收集相关信息，如何进行收费标准整理，阶梯计费标准及分段函数关系式是什么，谈谈感想体会等。

2. 其余同学进行点评、提问。

参考提问：

1. 相关信息的来源是什么？

2. 阶梯计费的原因是什么，合理性有哪些，感想如何（关心民生、思想政治教育）？

3. 如何得出分段函数关系式？如何理解？

六、点评与总结（5 分钟）

1. 各小组分别进行总结。

2. 教师进行点评总结。

◇ 教学提示

除了教师提前准备生活中的阶梯计费标准信息资料，还要在课堂上调动学生上网查阅收集相关阶梯计费标准信息资料，以翻转课堂形式准备相关资料，培养学生收集处理信息的能力。

附录　阅读材料

一、2020 年北京用水收费标准

（一）居民用水价格（水价＝水费＋水资源费＋污水处理费）

1. 居民用水实行阶梯水价。按年度用水量计算，将居民家庭全年用水量划分为三档，水价分档递增。

第一阶梯：用水量不超过 180 立方米，水价为 5 元/立方米（其中，水费为 2.07 元/立方米，水资源费为 1.57 元/立方米，污水处理费为 1.36 元/立方米）。

第二阶梯：用水量为 181 ~ 260 立方米，水价为 7 元/立方米（其中，水费为 4.07 元/立方米，水资源费为 1.57 元/立方米，污水处理费为 1.36 元/立方米）。

第三阶梯：用水量为 260 立方米以上，水价为 9 元/立方米（其中，水费为 6.07 元/立方米，水资源费为 1.57 元/立方米，污水处理费为 1.36 元/立方米）。

2. 关于多人口家庭用水问题，对确因家庭人口较多而导致用水量增加的家庭，具备分表条件的，应给予分表；不具备分表条件且人口为 6 人（含）以上的家庭，每户每增加 1 人，每年各档阶梯水量基数分别增加 30 立方米，由供水企业根据用户提供的居民户口簿或居（村）委会提供的实际居住证明，直接认定其阶梯水量和水价。

3. 执行居民水价的学校、社会福利机构、城乡社区居委会、便民浴池、园林环卫等非居民用户，水价标准按高于第一阶梯价格水平确定，统一执行每立方米 6 元，并按照《北京市节约用水办法》，继续执行超定额累进加价政策。

（二）非居民用水价格（水价 = 水费 + 水资源费 + 污水处理费）

1.除特殊行业外，城六区非居民用水价格为9.5元/立方米（其中，自来水供水水费为4.2元/立方米，水资源费为2.3元/立方米；自备井供水水费为2.2元/立方米，水资源费为4.3元/立方米）。

其他区域非居民用水价格为9元/立方米（其中，自来水供水水费为4.2元/立方米，水资源费为1.8元/立方米；自备井供水水费为2.2元/立方米，水资源费为3.8元/立方米）。

污水处理费均为3元/立方米。自来水供水水费包含的水利工程水价为1.3元/立方米。

2.特殊行业水价，洗车业、洗浴业、纯净水业、高尔夫球场、滑雪场用户为特殊行业用户，水价为160元/立方米（其中，水费为4元/立方米，水资源费为153元/立方米，污水处理费为3元/立方米）。滑雪场用水实行定额管理，定额内用水按非居民水价标准执行，超定额用水按特殊行业水价标准执行。

二、北京电费收费标准

北京电费收费标准如附表5-1、附表5-2所示。

附表5-1　北京市居民生活用电电价

用户	类别	分档电量/ ［千瓦时/（户·月）］	电压等级	电价标准/ （元/千瓦时）
试行阶梯电价用户	一档	1 ~ 240（含）	不满1千伏	0.4883
			1千伏及以上	0.4783
	二档	241 ~ 400（含）	不满1千伏	0.5383
			1千伏及以上	0.5283
	三档	400以上	不满1千伏	0.7883
			1千伏及以上	0.7783

续表

用户	类别	分档电量 / [千瓦时 / (户·月)]	电压等级	电价标准 / (元/千瓦时)
合表用户	城镇合表用户	—	不满 1 千伏	0.4733
		—	1 千伏及以上	0.4633
	农村合表用户	—	不满 1 千伏	0.4433
		—	1 千伏及以上	0.4333
执行居民价格的非居民用户	—	—	不满 1 千伏	0.5103
			1 千伏及以上	0.5003

注：1. 表中合表用户的电价标准均为国网北京市电力公司与合表用户的总表结算价。

2. 未实行"一户一表"的合表终端居民用户，电压等级不满 1 千伏的，到户结算价按照 0.5103 元 / 千瓦时执行；电压等级 1 千伏及以上的，到户结算价按照 0.5003 元 / 千瓦时执行。

附表 5-2　北京市城区非居民销售电价

用电分类	电压等级	电度电价 / (元 / 千瓦时)				基本电价	
		尖峰	高峰	平段	低谷	最大需量 / [元/ (千瓦·月)]	变压器容量 / [元/ (千伏安·月)]
一般工商业	不满 1 千伏	1.4223	1.2930	0.7673	0.2939		
	1～10 千伏	1.3993	1.2710	0.7523	0.2849		
	20 千伏	1.3923	1.2640	0.7453	0.2779		
	35 千伏	1.3843	1.2560	0.7373	0.2699		
	110 千伏	1.3693	1.2410	0.7223	0.2549		
	220 千伏及以上	1.3543	1.2260	0.7073	0.2399		
大工业	1～10 千伏	1.0337	0.9440	0.6346	0.3342	48	32
	20 千伏	1.0187	0.9300	0.6246	0.3282	48	32
	35 千伏	1.0027	0.9160	0.6146	0.3222	48	32
	110 千伏	0.9757	0.8910	0.5946	0.3072	48	32
	220 千伏及以上	0.9527	0.8680	0.5746	0.2892	48	32

续表

用电分类	电压等级	电度电价 /（元 / 千瓦时）				基本电价	
		尖峰	高峰	平段	低谷	最大需量 /[元 /（千瓦·月）]	变压器容量 /[元/（千伏安·月）]
农业生产	不满 1 千伏		0.9292	0.6255	0.3378		
	1 ~ 10 千伏		0.9142	0.6105	0.3218		
	20 千伏		0.9062	0.6035	0.3158		
	35 千伏及以上		0.8982	0.5955	0.3088		

注：表中城区指东城区、西城区、朝阳区、海淀区、丰台区、石景山区。

三、2018 年北京燃气收费标准

2018 年北京燃气收费标准如附表 5-3、附表 5-4 所示。

附表 5-3　北京市居民用管道天然气销售价格

分档	户年用气量 / 立方米			销售价格 /（元 / 立方米）
	一般生活用气（炊事、生活热水）	壁挂炉采暖用气	农村煤改气、采暖用气	
第一档	0 ~ 350（含）	0 ~ 1500（含）	0 ~ 2500（含）	2.63
第二档	350 ~ 500（含）	1500 ~ 2500（含）	2500 ~ 3000（含）	2.85
第三档	500 以上	2500 以上	3000 以上	4.25
执行居民价格的非居民户				2.65

附表 5-4　北京市非居民用管道天然气销售价格

用气类别		调整后销售价格 /（元 / 立方米）
发电用气		2.39
供暖、制冷用气	城六区	2.49
	其他区域	2.25
工商业用气	城六区	2.99
	其他区域	2.75

续表

用气类别		调整后销售价格 /（元/立方米）
压缩天然气加气母站	供居民用气	2.12
	供非居民用气	2.35

注：执行居民气价的非居民用户范围（不包括集中供热用气）为学校教学和学生生活用气，向老年人、残疾人、孤残儿童开展养护、托管、康复服务的社会福利机构用气，城乡社区居委会公益性服务设施用气。具体学校以市教育部门按照相关规定认定为准，社会福利机构和城乡社区居委会公益性服务设施以相关规定认定为准。

四、个人所得税的税率

1. 综合所得，适用于3%～45%的超额累进税率（附表5-5）；

2. 经营所得，适用于5%～35%的超额累进税率（附表5-6、附表5-7）；

3. 利息、股息、红利所得，财产租赁所得，财产转让所得和偶然所得，适用于比例税率，税率为20%。

附表5-5　个人所得税税率（综合所得适用）　　　　单位：元

级数	全年应纳税所得额	税率	速算扣除数
1	不超过36 000	3%	0
2	36 000～144 000（含）	10%	2520
3	144 000～300 000（含）	20%	16 920
4	300 000～420 000（含）	25%	31 920
5	420 000～660 000（含）	30%	52 920
6	660 000～960 000（含）	35%	85 920
7	超过960 000的部分	45%	181 920

注：1. 本表所称全年应纳税所得额是指依照《个人所得税法》第六条的规定，居民个人的综合所得以每一纳税年度收入额减除费用60 000元及专项扣除、专项附加扣除和依法确定的其他扣除后的余额。

2. 非居民个人工资、薪金所得，劳务报酬所得（附表5-8），稿酬所得和特许权使用费所得，依照本表按月换算后计算应纳税额。

附表5-6　个人所得税税率（经营所得适用）　　　　　　　　单位：元

级数	全年应纳税所得额	税率
1	不超过 30 000	5%
2	30 000 ~ 90 000（含）	10%
3	90 000 ~ 300 000（含）	20%
4	300 000 ~ 500 000（含）	30%
5	超过 500 000 的部分	35%

注：本表所称全年应纳税所得额是指依照《个人所得税法》第六条的规定，以每一纳税年度的收入总额减除成本、费用及损失后的余额。

附表5-7　企业税率(个体工商户的生产、经营所得和对企事业单位的承包经营、承租经营所得适用）

单位：元

级数	全年应纳税所得额	税率	速算扣除数
1	不超过 15 000	5%	0
2	15 000 ~ 30 000（含）	10%	750
3	30 000 ~ 60 000（含）	20%	3750
4	60 000 ~ 100 000（含）	30%	9750
5	超过 100 000 的部分	35%	14 750

注：1.本表所列含税级距与不含税级距，均为按照税法规定以每一纳税年度的收入总额减除成本、费用及损失后的所得额。

　　2.含税级距适用于个体工商户的生产、经营所得和由纳税人负担税款的对企事业单位的承包经营、承租经营所得；不含税级距适用于由他人（单位）代付税款的对企事业单位的承包经营、承租经营所得。

附表 5-8　劳务报酬只对 80% 的部分征税（劳务报酬所得适用）　　　　　　单位：元

级数	每次应纳税所得额（含税级距）	不含税级距	税率	速算扣除数
1	不超过 20 000	不超过 16 000	20%	0
2	20 000 ~ 50 000（含）	16 000 ~ 37 000（含）	30%	2000
3	超过 50 000 的部分	超过 37 000	40%	7000

　　注：1. 应纳税所得额＝月度收入－5000 元（免征额）－专项扣除（三险一金等）－专项附加扣除－依法确定的其他扣除。

　　2. 新《个人所得税法》于 2019 年 1 月 1 日起施行，2018 年 10 月 1 日起施行最新免征额和税率。新《个人所得税法》规定，2018 年 10 月 1 日至 2018 年 12 月 31 日，纳税人的工资、薪金所得，先行以每月收入额减除费用 5000 元及专项扣除和依法确定的其他扣除后的余额为应纳税所得额，依照个人所得税税率表（综合所得适用）按月换算后计算缴纳税款，并不再扣除附加减除费用。

第六章

零花钱情况调查——学习理财储蓄知识

◇ 学习背景与预期目标

　　数学是一种用来分析、处理问题的工具。本课通过零花钱情况调查、存款方式等生活实例，学习储蓄知识、等差数列、指数型函数等知识。在学习中，教师帮助学生建立相关的数学思维，引导学生对生活中的实际问题进行分析、处理、判断。

　　相关调查显示，投资理财逐渐呈现年轻化、全民化的趋势，全球理财年龄段已经接近 18 岁，中国教育学会已在全国多地遴选一些中小学开设财商培养第二课堂实验并进行推广。因此，在数学教学中，教师要做一个有心人，将财经知识融入日常教学中，不仅要提高学生在数学方面的能力和成绩，还要引导学生树立正确的财富观、人生观、价值观，培养理性消费的意识和财商，帮助学生更好地成长和发展。

◇ 适用专业

　　中级工——全部专业

◇ 知识点

　　储蓄知识、等差数列、指数型函数

◇ 建议学时

　　2 课时（90 分钟）

◇ 教学准备

　　学材：A4 纸（各组 5 张）、12 色彩笔（各组 1 盒）
　　分组设置：6 人一组

◇ 任务概述

本课通过相关生活实例，启发引导学生探究生活中的数学、身边的数学，从而培养其发现问题、分析问题、解决实际问题的能力，同时有机融入理性消费、感恩父母、理财储蓄等思想，引导学生树立正确的财富观、人生观、价值观。

◇ 教学过程

一、创设情景（5分钟）

以下是毕业季的一则招聘启事。

某企业招聘销售人员，待遇如下：试用期工资底薪3000元（另有提成），管住宿，通信费300元（卡），交通费300元（卡），购物卡300元（仅限公司内部超市），如果每张卡内有结余，月底给予余额5%的利息。

参考提问：

1. 同学们，如果你到这家公司就职，你要如何支配这些钱呢？

2. 你的压岁钱、零花钱都花在哪儿了？

3. 针对你们现在每个月的消费情况，你觉得有哪些消费习惯需要改变呢？

4. 你所了解的银行理财、储蓄知识有哪些？

二、明确问题（20分钟）

教师用PPT展示本次课程任务，并邀请学生以小组的形式进行合作探究，填写零花钱调查情况（表6-1）；收集我国央行最近两次发布的银行存贷款基准利率表；对收集的信息进行分析比较，选择并整理银行存款利率表；小组展示成果。

1. 认真填写零花钱调查情况。

表 6-1 零花钱调查情况   单位：元

姓名	每月的零花钱	零食	娱乐	请客	其他	结余

2. 小组成果展示。各组选派代表展示本组完成的零花钱调查表。

3. 发出倡议、撰写学习感悟：倡导理性消费、勤俭节约，给出消费建议和储蓄方法，培养理财能力、储蓄意识。参加劳动，了解父母的钱来之不易，感恩家长，养成勤俭节约的良好习惯。要求每个学生写出学习感悟。每组推选 1 名学生朗诵学习感悟，给予加分。

4. 学习理财、储蓄知识。了解本金、利率、利息、本利和、存款方式等储蓄专用名词。

5. 小组成员根据本人节约的零用钱计算本利和，学会使用计算器。（小组长负责）

参考提问：

1. 如何收集信息？信息来源、渠道分别是什么？（官方渠道、正规渠道）

2. 我国的中央银行是什么？

3. 如何理解央行公布的存款基准利率？

4. 两次发布的存款利率有什么不同？这与什么有关？（拓宽视野）

5. 如何理解本金、利率、利息、本利和存款方式？

三、合作探究：结合实例、寻求方案（20 分钟）

张同学将 100 元零花钱存入银行有以下几种方式，分别写出计算过程。

（1）请计算活期 1 年的本利和。

（2）定期 1 年的本利和。

（3）定期 2 年的本利和。

（4）定期 5 年的本利和。

（5）活期 100 天的本利和。

四、巩固应用（15 分钟）

小组成员学会计算零花钱的本利和，组间互查计算结果的正确性
（表 6-2）。

表 6-2　零花钱不同存款方式本利和计算　　　　　　　　　单位：元

姓名	零花钱	活期 1 年	定期 1 年	定期 2 年	定期 5 年

五、拓展应用、合作探究（15 分钟）

学习并应用理财储蓄知识、等差数列、指数型函数以解决生产生活中的
实际问题。

典型案例 6-1

张同学从入学开始，每月节约零花钱 50 元，将其采用零存整取的方式
存入银行，1 年后本利和为多少元？若这样坚持下去，5 年后毕业时本利和
为多少元？

典型案例 6-2

小王将 1000 元存入银行，存 1 年定期。结果忘记到期时间了，过期 1 个月去银行办理相关业务，银行职员告知已经自动转存，请计算如此自动转存 5 年后的本利和。

典型案例 6-3

小张大学毕业后和 2 位同学一起创业，因缺少资金，准备贷款 200 万元，贷期为 3 年，大家帮他算一下需付多少元利息？

六、交流与展示（10 分钟）

1. 各小组推选一名代表进行本组案例的展示。展示内容主要包括：介绍存（贷）款方式、理财方式，如何收集、处理信息，介绍小组如何探究、分析并解决相关问题，写出计算过程，谈谈感想体会等。

2. 其余同学仔细聆听，进行点评、提问。

参考提问：

1. 信息的来源是什么？

2. 存（贷）款方式、利率分别是什么？你有何感想（关心民生、思想政治教育）？

3. 如何计算存款方式、利息？对其如何理解？

4. 银行理财产品的利率相对储蓄利率高些，可以选择正规银行的中低风险理财产品。社会上某些人宣传的理财产品回报利率为 10% ~ 20%，甚至更高，可信吗？提醒身边人不要陷入非法集资陷阱。

5. 校园贷、美丽贷等是一些非法的高利贷，使很多人倾家荡产甚至失去生命，大家要引以为戒，吸取教训，不要落入各种套路贷陷阱。

七、点评与总结（5 分钟）

1. 各小组分别进行总结。

2. 教师进行点评总结。

◇ **教学提示**

1. 教师要提前准备关于理财储蓄知识的相关资料，在课堂上要调动学生自主上网查阅相关资料，也可以翻转课堂的形式准备资料，培养学生收集处理信息的能力。

2. 本课通过理性消费、储蓄知识的学习，培养学生分析问题、解决问题的能力，同时引导学生树立正确的财富观、人生观、价值观。

附录　阅读材料

一、2012—2022 年银行存（贷）款利率情况

中国人民银行决定，自 2015 年 10 月 24 日起，下调金融机构人民币贷款和存款基准利率，以进一步降低社会融资成本。其中，金融机构一年期贷款基准利率下调 0.25 个百分点至 4.35%；一年期存款基准利率下调 0.25 个百分点至 1.5%；其他各档次贷款及存款基准利率、人民银行对金融机构贷款利率相应调整；个人住房公积金贷款利率保持不变。同时，对商业银行和农村合作金融机构等不再设置存款利率浮动上限，并抓紧完善利率的市场化形成和调控机制，加强央行对利率体系的调控和监督指导，提高货币政策传导效率。

自同日起，下调金融机构人民币存款准备金率 0.5 个百分点，以保持银行体系流动性合理充裕，引导货币信贷平稳适度增长。同时，为加大金融支持"三农"和小微企业的正向激励，对符合标准的金融机构额外降低存款准备金率 0.5 个百分点。

其他各档次贷款及存款基准利率、个人住房公积金存（贷）款利率相应调整。[本利率为 2022 年最新银行利率，银行存（贷）款基准新利率]

附表 6-1 至附表 6-3 是 2021—2022 年银行存（贷）款基准利率。

附表 6-1 2022 年最新银行存（贷）款基准利率

各项贷款	利率	各项存款	利率
1 年以上（含 1 年）	4.35%	活期存款	0.35%
1～5 年（含 5 年）	4.75%	整存整取定期存款	利率
5 年以上	4.90%	3 个月	1.10%
公积金贷款		半年	1.30%
5 年以下（含 5 年）	2.75%	1 年	1.50%
5 年以上	3.25%	2 年	2.10%
		3 年	2.75%

信息来源：银行信息港（www.yinhang123.net）。

附表 6-2 人民币存款利率（2012 年 7 月）

项目	年利率
城乡居民及单位存款	
（一）活期存款	0.35%
（二）定期存款	
整存整取	
3 个月	2.60%
6 个月	2.80%
1 年	3.00%
2 年	3.75%
3 年	4.25%
5 年	5.00%

附表 6-3 人民币存款利率（2018 年 3 月）

项目	年利率
城乡居民及单位存款	
（一）活期存款	0.35%
（二）定期存款	
整存整取	
3 个月	1.10%
6 个月	1.30%
1 年	1.50%
2 年	2.10%
3 年	2.75%
5 年	2.75%

二、财商教育

财商是指一个人认识、创造和管理财富（主要指金钱，下同）的能力，包括观念、知识、行为 3 个方面。财商与智商、情商一起被教育学家们列为青少年学生的"三商"教育，财商教育同时也是素质教育必不可少的部分。

财商教育旨在通过金钱（真实的金钱或者虚拟的金钱）、与金钱相关的活动方式及现实（或模拟）生活中一些经济活动、社会活动，帮助青少年学生从经济学的角度认识社会、体验生活，引导并训练青少年学生形成理性思考的意识、独立思维的能力及驾驭财富的能力。

如果有人问"什么在全世界都通用"，回答"经济活动和财富能担此重任"并不为过！如何能够在竞争激烈的社会中正视财富，管理与创造财富，游刃有余地处理各种经济活动，已经成为当今教育不可回避的重要命题。财商是每个人必备的素质，财商教育则在这一特定时期肩负着"利国利民"的历史使命与责任。许多发达国家和地区已把财商教育纳入青少年教育体系之中。在美国，绝大多数州政府先后采取了在中小学开设经济学和理财教育课的政策。从 20 世纪 70 年代中期开始，财商教育走进美国中小学课堂，学校为不同年龄段学生设计了系统的财商知识教育课程。在英国，政府已决定于 2011 年秋季开始在中小学生中开设财商课程，系统地对中小学生加以训练。在以色列，财商教育更是从孩童时代便开始渗透到学生教育的各个方面，他们对学生进行的延迟享受教育、创业教育等财商教育方式在世界享有盛名。在中国台湾地区，教育部门已决定于 2013 年将财商教育内容列入高考必考内容。

"中小学财商教育的实验与探索"旨在通过财商教育使青少年学生具备 4 个方面的特质。

一是具有理性。面对纷繁复杂的经济社会活动，能够权衡取舍，理性分析与决策。

二是自信、自立、自强。在学校学习生活、校外社会实践及家庭生活中，能够独立思考并尽己所能处理自己的学习和生活，对待生活具有乐观、积极、自信的态度。

三是具有积极的财富观、人生观。能够客观地认识财富的本质与作用，不回避财富在生活中的重要作用，但也不崇拜乃至神话财富的力量。正确认识财富给人生带来的影响，进而形成积极的财富观、人生观。

四是具有理想与意志力。能够拥有自己的兴趣、理想，并能够在成长过程中坚持和捍卫自己的理想，以顽强的意志力克服各种困难，最终实现自己的理想。

财商教育的内容有以下几个方面。

财商"观念"，包含积极认识财富及经济活动的意识，创造、规划自身财富与生活的意识，独立思考与理性决策的意识。

财商"知识"，包含现实生活中各种经济活动所涉及的相关概念（如市场、商品、价格、买卖、银行、储蓄、外汇、信用、信用卡、竞争、零花钱合同、理性消费等）和原理（经济学十大原理在现实生活中的体现）。

财商"行为"，即创造、规划自身财富与生活的习惯（规划自己的零花钱、建立梦想储蓄罐等），独立思考与理性决策的能力，积极主动参与社会经济活动（爱心义卖、银行开户、理财、社会兼职等）的习惯。

财商教育在教学上采用偏重于体验、协同讨论的建构主义教学方法，着力让学生更多地从实地观察、案例分析、情境扮演、小组讨论、动手体验等情境中感知和分辨高财商与低财商的一些行为。在此基础上，教师讲授财商知识，以引导学生通过自身现实生活的实践形成财商意识、观念，进而改善自己的行为并做出相应的决策。

财商教育的目的是使青少年学生知识、行为、能力有所改变。①掌握基本的经济学常识：货币、市场、公司、成本、银行、利息、投资、商品、价格、信用等；②乐于思考，主动提出问题；③善于管理钱，善于管理身边的事物；④从小有较明显的职业梦想，并且为自己的梦想做计划；⑤养成记账的好习惯；⑥学会做预算，养成做事有准备的习惯；⑦管好压岁钱，知道感恩长辈，感恩社会；⑧讲诚信，懂合作；⑨增强创新能力。

——节选自《中国教育学会简报》（2013年第7期）

第七章

我的衣架我做主——认识平行四边形

◇ 学习背景与预期目标

　　平行四边形是生活中常见的图形，它具有不稳定、易变形的特点，生活中的折叠椅、折叠挂衣架、自动门等都利用了这一性质。

　　本课主要学习平行四边形的性质。学生利用平行四边形的不稳定性设计折叠衣架，并进行制作。

◇ 适用专业

　　中级工——全部专业

◇ 知识点

　　平行四边形

◇ 建议学时

　　2课时（90分钟）

◇ 教学准备

　　学材：A4纸（各组4张）、不同长度的木条、螺丝、螺母、尺子（各组2把）

　　分组设置：4人一组

◇ 任务概述

　　小明家需要一个折叠挂衣架，请你利用平行四边形的相关性质设计一个折叠挂衣架。它的功能是能够同时悬挂帽子、包包、衣服等。这样的折叠挂衣架你会设计吗?

◇ 教学过程

一、创设情景（5 分钟）

教师用 PPT 展示案例（例如，篱笆、折叠门）。

参考提问：

1. 现在展示的包括什么图形？

2. 关于这些图形，你还能举出哪些例子？

二、自主探究（20 分钟）

学生独立查询平行四边形的相关性质，并完成表 7-1。

表 7-1　平行四边形

	平行四边形		
定义			
性质			
图示			

参考提问：

1. 什么是平行四边形？

2. 平行四边形有什么性质？

三、接受任务（20分钟）

1. 根据参考图，思考衣架设计图（图7-1）。

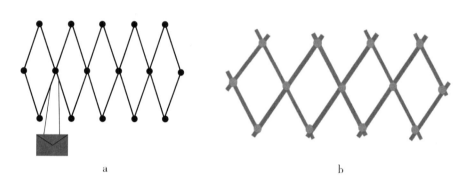

a   b

图7-1　衣架设计参考

2. 根据参考图，绘制设计图，并标注长度。

四、制作挂衣架（25分钟）

根据设计图，使用相关材料制作挂衣架。

五、交流与展示（10分钟）

1. 各小组至少派1名代表进行实物展示。
2. 其余小组仔细聆听，并进行提问。

参考提问：

1. 你们制作的步骤是什么？

2. 你们组认为哪些地方仍需改进？

3. 在设计过程中，你认为难点是什么，你们是怎么克服的？

六、评价与总结（10 分钟）

1. 各小组分别进行总结与展示。

2. 教师进行总结和提问。

参考提问：

1. 我们可以利用平行四边形的不稳定性做什么？

2. 你认为模型应该如何优化才能有更好的承重能力？

◇ 教学建议

1. 学生可以在课前查阅平行四边形的相关知识，课堂中把重点放在设计本身。

2. 根据班级情况，教师可以提前准备长度适合的木条，从而减小制作难度。

第八章

绘画中的数学——函数的应用

◇ 学习背景与预期目标

一场突如其来的疫情，给我们所在的城市带来了太多变化，也影响着我们每一个人的生活。不管你是否意识到，我们的生活方式都在疫情下发生着改变……对于许多人而言，在疫情之前口罩、消毒液、防护服是熟悉的陌生人，而现在，这些防疫用品已经成了让人又爱又恨的"刚需"。

数学可以帮助我们描绘现实中的物体，物体的规律性能够引导我们用数学概念进行艺术创作。本课内容主要为函数的运用，通过绘制各种函数、方程图像，绘制出相关的防疫用品图形。旨在让学生通过运用学过的数学知识，发现一些数学模型的存在。同时感悟抗疫精神，汲取奋进力量。

◇ 适用专业

高级工——全部专业

◇ 知识点

函数的应用

◇ 建议学时

2 课时（90 分钟）

◇ 教学准备

学材：A4 纸（各组 4 张）、12 色彩笔（各组 1 盒）、圆规（各组 4 个）、尺子（各组 2 把）

分组设置：4 人一组

◇ 任务概述

通过已经给出的坐标点、方程，绘制防疫用品图及制作防疫用品宣传册。

◇ 教学过程

一、创设情景（10 分钟）

用投影展示防疫用品图片（例如：口罩、消毒液、防护服等）。

参考提问：

1. 什么是防疫用品？

2. 防疫用品都有什么？

3. 你们在疫情期间是如何防护的？

二、发布任务（10 分钟）

1. 教师展示需要勾画的防疫用品图（消毒液、口罩）。

温馨提示： 教师可以在课前查阅资料，或让学生自行查阅。

2. 学生自行查阅消毒液、口罩的分类及作用，完成表 8-1 和表 8-2。

表 8-1　消毒液简介

种类	名称	作用
1		
2		
3		
4		
5		

表 8-2 口罩简介

种类	名称	作用
1		
2		
3		
4		
5		

参考提问：

1. 不同的消毒液有什么区别？

2. 如何选择适合的口罩？

3. 临摹一张防疫用品图（使用平面直角坐标系可以精确地临摹该图片）

（1）建立平面直角坐标系（画出 x 轴、y 轴、原点）。

（2）将工作页中的点进行绘制。

（3）求解工作页中的函数，并进行绘制。

（4）使用彩笔进行美化。

三、绘制防疫用品，完成工作页（35 分钟）

完成工作页，并按照步骤进行绘制（可参考工作页内容进行设计，"84 消毒液"和"口罩"完成一个即可）。

84 消毒液

小组成员（3～4人）组别：_____ 姓名：_____ 组员：_____

本次任务内容：使用平面直角坐标系、直线方程、圆的方程设计或临摹出疫情期间的防疫用品。

本次任务步骤：

1. 建立平面直角坐标系（限时 5 分钟）

（1）寻找原点。

方法：找出 A4 纸的中心点

提示：将 A4 纸对折再对折

（2）根据刚才确定的坐标原点，画出平面直角坐标系。

（3）确定单位长度。（1 cm＝1 个单位长度）

2.在同一个平面直角坐标系中，画出以下点和方程（合计限时 20 分钟）

（1）画出 $A\left(-\dfrac{1}{2}, 6\right)$；$B\left(\dfrac{1}{2}, 6\right)$；$C\left(\dfrac{1}{2}, 5\right)$；$D\left(-\dfrac{1}{2}, -5\right)$；$E(0, -7)$。（限时 5 分钟）

（2）画出直线方程 $x=2$。（限时 5 分钟）

方法：①求出任意两个点 P_1、P_2：＿＿＿＿＿＿＿＿＿＿＿＿＿

　　　②将 P_1、P_2 连起来，并在画出的直线方程旁写出该方程

（3）求出 $P_3(-2, 1)$、$P_4(2, -2)$ 所确定的直线方程，并把它画在平面直角坐标系中。（限时 5 分钟）

步骤：求 $P_3(-2, 1)$、$P_4(2, -2)$ 所确定的直线方程

提示：使用斜截式 $y=kx+b$ 来确定

（4）画出圆心为 C_1：$(0, -2.5)$，半径为 1.5 的圆，并求出该方程。（限时 5 分钟）

圆的方程 C_1：＿＿＿＿＿＿＿＿＿＿＿＿＿＿＿＿

3.完成第 1、第 2 步举手请教师检查后，才可以进行之后的步骤

4.画出图形（选做）

（1）将刚刚描绘的所有点、线、圆融入防疫用品图中。

（2）写出你们绘图所需要的方程（不少于 2 个）和点（不少于 2 个）。

方程 1：_____   点 F：_____

方程 2：_____   点 G：_____

5.涂色（限时 10 分钟）

（1）用彩色笔勾勒出目标图形的轮廓。

（2）进行色彩美化。

6.完成后举手，请教师检查

口罩

本次任务内容：使用平面直角坐标系、直线方程、圆的方程设计或临摹出疫情期间的防疫用品。

本次任务步骤：

1.建立平面直角坐标系（限时 5 分钟）

（1）寻找原点。

方法：找出 A4 纸的中心点

提示：将 A4 纸对折再对折

（2）根据刚才确定的坐标原点，画出平面直角坐标系。

（3）确定单位长度。（1 cm＝1 个单位长度）

2.在同一个平面直角坐标系中，画出以下点和方程（合计限时 20 分钟）

（1）画出 $A(-10, 2.5)$；$B(-10, 0)$；$C(4, 0)$；$D(0, -7)$；$E(0, 3)$。（限时 5 分钟）

（2）画出直线方程 $y=3x+21$。（限时 5 分钟）

方法：① $P_1(-7, 0)$；$P_2(-6, 3)$

　　　②将 P_1、P_2 连起来，并在画出的直线方程旁写出该方程

（3）求出 P_3（-7，-4）、P_4（-5.5，-9）所确定的直线方程，并把它画在平面直角坐标系中。（限时5分钟）

> 步骤：求 P_3（-7，-4）、P_4（-5.5，-9）所确定的直线方程
>
> 提示：使用斜截式 $y=kx+b$ 来确定

（4）画出圆心为 C_1：（-4，-3），半径为1.5的圆，并求出该方程。（限时5分钟）

> 圆的方程 C_1：_____

3. 完成第1、第2步举手请教师检查后，才可以进行之后的步骤

4. 画出图形（选做）

（1）将刚刚描绘的所有点、线、圆融入防疫用品图中。

（2）写出你们绘图所需要的方程（不少于3个）和点（不少于3个）。

> 方程1：_____   点 F：_____
>
> 方程2：_____   点 G：_____
>
> 方程3：_____   点 H：_____

5. 涂色（限时10分钟）

（1）用彩色笔勾勒出目标图形的轮廓。

（2）进行色彩美化。

6. 完成后举手，请教师检查

四、绘制并美化（15分钟）

1. 结合查阅的图片进行绘制。

2. 使用彩笔进行美化。

3. 制作宣传册。

温馨提示： 通过点、线、圆的绘制，可以看出图像轮廓即可。

五、交流与展示（10 分钟）

1. 各小组展示自己组绘制的防疫用品，并进行讲解。

2. 其余小组仔细聆听，并进行提问。

参考提问：

1. 你们组绘制的是什么？

2. 你们组为何选该图像进行绘制？

3. 在绘制过程中，你们组遇到了什么难题？

六、评价与总结（10 分钟）

1. 各小组分别进行总结与展示。

2. 教师进行总结和提问。

参考提问：

1. 你们组是如何分工的？

2. 你认为绘制图像最困难的地方是什么？

3. 你对防疫用品有什么建议？

◇ 教学建议

1. 教师可以让学生自行查阅图片，从而增加难度。

2. 本课教学内容主要以复习为主，可以在课前安排复习内容，为本课打下基础。

第九章

触手可及的星空——学习椭圆方程

◇ 学习背景与预期目标

当你仰望星空的时候，你在想什么？是回忆过去、畅想未来，还是想踮起脚尖伸手摘星？人类从很早就开始仰望星空，探索星空，对于未知的事物，我们始终保持着敬畏与好奇，星辰是开启这个世界未知之路的一个巨大课题。太阳系是一个以太阳为中心，受太阳引力约束在一起的天体系统，包括太阳、行星及其卫星、矮行星、小行星、彗星和行星际物质。太阳系距银河系中心 2.4 万～2.7 万光年。太阳系的八大行星按照离太阳的距离从近到远的顺序，依次为水星、金星、地球、火星、木星、土星、天王星、海王星。

本课内容主要应用的知识点为椭圆。行星的运行轨道大部分为椭圆，学生可以通过行星资料、椭圆等基本概念，绘制出行星轨道图。本课不仅注重数学知识的应用，还能激发学生对天文知识的兴趣，提升学生综合素养。

◇ 适用专业

高级工——全部专业

◇ 知识点

椭圆方程

◇ 建议学时

2 课时（90 分钟）

◇ 教学准备

学材：A4 纸（各组 5 张）、12 色彩笔（各组 1 盒）、行星资料
分组设置：4 人一组

◇ 任务概述

小明在学习地理课程之后，对太阳系的行星知识产生了兴趣。小明通过查阅资料发现，它们的轨道大致为椭圆形。因此，小明想要自行绘制太阳系行星轨道模拟图。你可以帮帮他吗？

◇ 教学过程

一、创设情景（10 分钟）

教师用 PPT 展示太阳系行星轨道图片，之后分别展示每个行星的图片和介绍，请同学们进行分析。

参考提问：

1. 从图片中，你发现行星的轨道大致为什么形状？

2. 为什么行星的轨道是椭圆形？

3. 你知道几个太阳系的行星？

二、明确问题（10 分钟）

教师用 PPT 展示本次课程任务表格，并邀请学生进行总结（表 9-1）。

参考提问：

1. 如何书写椭圆的标准方程？

2. a、b、c 有什么关系？

3. 如何确定焦点、顶点？

三、正确计算轨道（30 分钟）

1. 学生分组从网络中查找八大行星简介，并提取关键词填写至表 9-1 中。

2. 根据椭圆的标准方程和性质完成表格内容，参考答案如表 9-2 所示。

四、绘制行星轨道图（20 分钟）

小组讨论，根据表格绘制行星轨道图，并标注出顶点、焦点、行星名称。

五、交流与展示（10 分钟）

1. 各小组推选一名代表进行汇报展示，至少讲解一个行星。

2. 其余小组仔细聆听，并进行提问。

参考提问：

1. 该行星的英文名称是什么？

2. 占代如何称呼该行星？

3. 说出该行星的 3 个特点？

六、评价与总结（10 分钟）

1. 各小组分别进行总结。

2. 教师进行总结和提问。

参考提问：

1. 在求解表格数值中，你们遇到了什么困难？

2. 你们小组在绘制行星轨道图时是否有分歧？

3. 你认为哪组展示得最好，为什么？

◇ 教学建议

1. 教师可以让学生自行上网查阅行星资料，也可以提前准备行星资料。

2. 本次教学内容主要以复习为主，教师可将教学重点放在求解表格数值上。

3. 课后可以根据学生实际情况，布置绘制行星海报的作业（表 9-1、表 9-2）。

表 9-1　八大行星轨道模拟信息

序号	名称	英文名	a	b	c	椭圆方程（轨道）	焦点坐标（2个）		顶点坐标（x 轴交点 A_1、A_2；y 轴交点 B_1、B_2）				特性（3～5个关键词）
							F_1（负半轴）	F_2（正半轴）	A_1（负半轴）	A_2（正半轴）	B_1（负半轴）	B_2（正半轴）	
1		Mercury	3	$\dfrac{4}{5}$		$\dfrac{x^2}{9}+\dfrac{25y^2}{16}=1$							
2	金星					$\dfrac{x^2}{16}+y^2=1$		$(\sqrt{15},\,0)$		$(4,\,0)$	$(0,\,-1)$	$(0,\,1)$	
3			5	$\dfrac{3}{2}$		$\dfrac{x^2}{25}+\dfrac{4y^2}{9}=1$	$\left(-\dfrac{\sqrt{91}}{2},\,0\right)$		$(-5,\,0)$		$\left(0,\,-\dfrac{3}{2}\right)$		29.2%是由大陆和岛屿组成的陆地。剩余的70.8%被水覆盖；大气主要由氮和氧组成
4			$\dfrac{13}{2}$	2		$\dfrac{4x^2}{169}+\dfrac{y^2}{4}=1$							古汉语中因为它荧荧如火，位置和亮度时常变动而称之为荧惑
5						$\dfrac{x^2}{64}+\dfrac{4y^2}{25}=1$							古代称其为岁星，因其绕行天球一周约为12年，与地支相同之故
6			9	3									北斗第一星

续表

序号	名称	英文名	a	b	c	椭圆方程（轨道）	焦点坐标（2个）		顶点坐标（x轴交点 A_1、A_2；y轴交点 B_1、B_2）				特性（3～5个关键词）
							F_1（负半轴）	F_2（正半轴）	A_1（负半轴）	A_2（正半轴）	B_1（负半轴）	B_2（正半轴）	
7			$\dfrac{23}{2}$	$\dfrac{7}{2}$	$2\sqrt{30}$								天文符号为 Ψ。大气中还有微量的甲烷，这是行星呈蓝色的原因之一
8			$\dfrac{25}{2}$	$\dfrac{9}{2}$	$2\sqrt{34}$	$\dfrac{4x^2}{625}+\dfrac{4y^2}{81}=1$							其体积在太阳系中排名第三，质量排名第四

表 9-2 八大行星轨道模拟信息参考答案

序号	名称	英文名	a	b	c	椭圆方程（轨道）	焦点坐标（2个）		顶点坐标（x轴交点 A_1、A_2；y轴交点 B_1、B_2）				特性（3~5个关键词）
							F_1（负半轴）	F_2（正半轴）	A_1（负半轴）	A_2（正半轴）	B_1（负半轴）	B_2（正半轴）	
1	水星	Mercury	3	$\dfrac{4}{5}$	$\dfrac{\sqrt{209}}{5}$	$\dfrac{x^2}{9}+\dfrac{25y^2}{16}=1$	$\left(-\dfrac{\sqrt{209}}{5},\ 0\right)$	$\left(\dfrac{\sqrt{209}}{5},\ 0\right)$	$(-3,\ 0)$	$(3,\ 0)$	$\left(0,\ -\dfrac{4}{5}\right)$	$\left(0,\ \dfrac{4}{5}\right)$	近、灰色、辰星
2	金星	Venus	4	1	$\sqrt{15}$	$\dfrac{x^2}{16}+y^2=1$	$(-\sqrt{15},\ 0)$	$(\sqrt{15},\ 0)$	$(-4,\ 0)$	$(4,\ 0)$	$(0,\ -1)$	$(0,\ 1)$	太白、明星、白色
3	地球	Earth	5	$\dfrac{3}{2}$	$\dfrac{\sqrt{91}}{2}$	$\dfrac{x^2}{25}+\dfrac{4y^2}{9}=1$	$\left(-\dfrac{\sqrt{91}}{2},\ 0\right)$	$\left(\dfrac{\sqrt{91}}{2},\ 0\right)$	$(-5,\ 0)$	$(5,\ 0)$	$\left(0,\ -\dfrac{3}{2}\right)$	$\left(0,\ \dfrac{3}{2}\right)$	29.2%是由大陆和岛屿组成的陆地。剩余的70.8%被水覆盖；大气主要由氮和氧组成
4	火星	Mars	$\dfrac{13}{2}$	2	$\dfrac{3\sqrt{17}}{2}$	$\dfrac{4x^2}{169}+\dfrac{y^2}{4}=1$	$\left(-\dfrac{3\sqrt{17}}{2},\ 0\right)$	$\left(\dfrac{3\sqrt{17}}{2},\ 0\right)$	$\left(-\dfrac{13}{2},\ 0\right)$	$\left(\dfrac{13}{2},\ 0\right)$	$(0,\ -2)$	$(0,\ 2)$	古汉语中因为它荧荧如火，位置和亮度时常变动而称之为荧惑
5	木星	Jupiter	8	$\dfrac{5}{2}$	$\dfrac{\sqrt{231}}{2}$	$\dfrac{x^2}{64}+\dfrac{4y^2}{25}=1$	$\left(-\dfrac{\sqrt{231}}{2},\ 0\right)$	$\left(\dfrac{\sqrt{231}}{2},\ 0\right)$	$(-8,\ 0)$	$(8,\ 0)$	$\left(0,\ -\dfrac{5}{2}\right)$	$\left(0,\ \dfrac{5}{2}\right)$	古代称其为岁星，因其绕行天球一周约为12年，与地支相同之故
6	土星	Saturn	9	3	$6\sqrt{2}$	$\dfrac{x^2}{81}+\dfrac{y^2}{9}=1$	$(-6\sqrt{2},\ 0)$	$(6\sqrt{2},\ 0)$	$(-9,\ 0)$	$(9,\ 0)$	$(0,\ -3)$	$(0,\ 3)$	北斗第一星

续表

序号	名称	英文名	a	b	c	椭圆方程（轨道）	焦点坐标（2个）		顶点坐标（x轴交点 A_1、A_2；y轴交点 B_1、B_2）				特性（3~5个关键词）
							F_1（负半轴）	F_2（正半轴）	A_1（负半轴）	A_2（正半轴）	B_1（负半轴）	B_2（正半轴）	
7	海王星	Neptune	$\dfrac{23}{2}$	$\dfrac{7}{2}$	$2\sqrt{30}$	$\dfrac{4x^2}{529}+\dfrac{4y^2}{49}=1$	$(-2\sqrt{30},\,0)$	$(2\sqrt{30},\,0)$	$\left(-\dfrac{23}{2},\,0\right)$	$\left(\dfrac{23}{2},\,0\right)$	$\left(0,\,-\dfrac{7}{2}\right)$	$\left(0,\,\dfrac{7}{2}\right)$	天文符号为 Ψ。大气中还有微量的甲烷，这是行星呈蓝色的原因之一
8	天王星	Uranus	$\dfrac{25}{2}$	$\dfrac{9}{2}$	$2\sqrt{34}$	$\dfrac{4x^2}{625}+\dfrac{4y^2}{81}=1$	$(-2\sqrt{34},\,0)$	$(2\sqrt{34},\,0)$	$\left(-\dfrac{25}{2},\,0\right)$	$\left(\dfrac{25}{2},\,0\right)$	$\left(0,\,-\dfrac{9}{2}\right)$	$\left(0,\,\dfrac{9}{2}\right)$	其体积在太阳系中排名第三，质量排名第四

第十章

套圈与投壶——学习点、线、圆与圆的位置关系

◇ 学习背景与预期目标

投壶是古时王宫贵族喜欢的娱乐活动，盛行于战国，发扬于唐朝，直到清朝才逐渐没落。《礼记传》记载："投壶者，主人与客燕饮讲论才艺之礼也。"随着物质生活水平的不断提高，投壶活动换了一种形式——套圈，展现在大家的眼中。那么，投壶、套圈与数学到底有着什么联系呢？

本课内容主要应用的知识点为点、线、圆与圆的位置关系。学生用数学实验的方式完成点与圆、线与圆、圆与圆的位置关系探究。

◇ 适用专业

高级工——全部专业

◇ 知识点

点、线、圆与圆的位置关系

◇ 建议学时

2 课时（90 分钟）

◇ 教学准备

学材：A4 纸（各组 5 张）、12 色彩笔（各组 1 盒）、2 个直径不同的圈（各组 1 份）

分组设置：4 人一组

◇ 任务概述

探究点与圆、线与圆、圆与圆的位置关系。

◇ 教学过程

一、创设情景（15 分钟）

教师用 PPT 展示投壶与套圈的图片，并进行提问。

参考提问：

1. 什么是投壶？

2. 投壶与套圈有什么关系？

3. 投壶和套圈的数学原理是什么？

二、点与圆的位置关系（10 分钟）

小组讨论，根据实验结果填写表格。

教具：A4 纸、笔、圈

步骤：

1. 用笔在 A4 纸上任意画一个点。

2. 使用圈进行投掷。

3. 根据点与圈的位置关系，将实验结果填写至表 10-1。

备注：d 代表从圆心到点的距离，r 代表圆的半径。

表 10-1　点与圆的位置关系

尝试次数	缩略图	d 与 r 的关系	点与圆的位置关系
1			
2			
3			

三、线与圆的位置关系（10分钟）

小组讨论，根据实验结果填写表格。

1. 用笔在 A4 纸上任意画一条直线。

2. 使用圈进行投掷。

3. 根据线与圈的位置关系，将实验结果填写至表 10-2。

备注：d 代表从圆心到线的距离，r 代表圆的半径。

表 10-2　线与圆的位置关系

尝试次数	缩略图	交点个数	d 与 r 的关系	线与圆的位置关系
1				
2				
3				

四、圆与圆的位置关系（20分钟）

小组讨论，根据实验结果填写表格。

1. 用笔在 A4 纸上任意画一个圆（或在 A4 纸上摆一个直径不一样的圈）。

2. 使用圈进行投掷。

3. 根据圆与圈的位置关系，将实验结果填写至表 10-3。

备注：d 代表从大圆心到小圆心的距离，r 代表小圆的半径，R 代表大圆的半径。

表10-3 圆与圆的位置关系

尝试次数	缩略图	交点个数	R、r 与 d 的关系	圆与圆的位置关系
1				
2				
3				

五、交流与展示（20分钟）

1.各小组推选一名代表进行汇报展示。展示内容为至少讲解一种实验情况。

2.其余小组仔细聆听，并进行提问。

参考提问：

1.线与圆相切等价于线在圆上吗?

2.两个圆内切外切都是相切吗?

3.同心圆是圆与圆相离的一种吗?

六、评价与总结（15分钟）

1.各小组分别进行总结与展示。

2.教师进行总结和提问。

参考提问：

1.在实验的过程中，你认为哪个实验最难?

2.如果再给你们组一次机会，你们打算在哪些地方进行改进?

3.圆和圆的位置关系有几种?

4.点和圆的位置关系有几种?

5.线和圆的位置关系有几种？

◇ **教学建议**

1.教师可以让学生自行上网查阅投壶资料，分组进行展示。

2.本次教学内容主要以数学实验的方式进行，教师需要课前准备教具或让学生自行制作。

3.课后可以根据学生实际情况，布置思维导图作业。

第十一章

计算购车款项——函数的应用

◇ 学习背景与预期目标

随着物质生活水平的不断提升及汽车市场的日渐成熟，汽车走入越来越多的家庭。对于大部分消费者来说，价格是重要的考量因素之一，因此，作为一名汽车销售员，除具备必要的汽车专业知识外，也必须能正确地为客户计算购车价格。

本课内容主要应用的知识点为函数的基本计算。课程中，学生会模拟 4S 店的销售员为客户讲解车辆数据，并计算购车价格。在此过程中，学生要设计购车表格并进行填写，熟悉解决真实问题的思路，了解汽车基本参数，给出适合客户的购车方案，准确计算购车价格。此学习过程能增强学生查阅信息的能力，提升数学计算能力，让学生感悟数学计算在专业中的重要性。

◇ 适用专业

高级工——汽车商务专业

◇ 知识点

函数的应用

◇ 建议学时

2 课时（90 分钟）

◇ 教学准备

学材：A4 纸（各组 5 张）、12 色彩笔（各组 1 盒）
分组设置：4 人一组

◇ 任务概述

小明欲将旧车进行置换，购买一辆新车。小明旧车品牌为 ×××，购买日期为 2012 年 8 月，已行驶里程为 8 万公里。经专业人士评估，二手车可置换 3 万元。小明认为汽车主要为上班代步工具，且周末有家庭出游计划（5 人）。预算为 15 万 ~ 20 万元，首付为 5 万元，可接受分期为 5 年的贷款。请模拟 4S 店销售人员为小明推荐适合的车型、讲解车辆数据，并正确计算购车款项。

◇ 教学过程

一、创设情景（10 分钟）

教师用 PPT 展示一些汽车图片（以国产品牌为主），请同学们在网上查阅其近 5 年的销售额，并请同学们进行分析。

参考提问：

1. 从数据中，你可以看出什么？

2. 客户购车都倾向于哪些方面？

二、明确问题（5 分钟）

教师用 PPT 展示本次课程任务（任务概述），并邀请学生进行总结。

参考提问：

1. 小明的购买需求是什么？

2. 小明的购买预算是多少？

3. 你会为小明推荐什么品牌及车型？

三、方案设计（20 分钟）

1. 学生分组从网络中查找适合小明购买的车辆资料，资料通常包括车辆品牌、车辆型号、保险价格、车辆性能等。

2. 查找车辆销售单，各小组根据小明的需求进行二次制作（表 11-1）。

表 11-1 北京 ××× 商贸有限公司车辆销售单

日期＿＿＿＿＿＿＿＿＿＿＿

客户名称		电话			
邮　编		年龄		性别	
地　址					
车　型		颜色			
配　置		购买类型		新购 □ 置换 □ 增购 □	
销售价		购置税		验车牌照	
保险金额		出库费		开票价	
险　种	交强险 □ 三者＿＿＿＿	车损 □ 驾驶险 □		不计免赔 □ 划痕 □	
分期付款	贷款年限		首付比例		贷款额	
	首付款		月还款		手续费	

优惠幅度：

置换补贴：

旧车折旧价格：

赠品：

费用合计：

业务员签字		客户签字		收款人	

地址：×××××××××××××

电话：×××××××××××××

网址：×××××××××××××

3. 将已知数据正确填写至表格中。

四、正确计算（30 分钟）

1. 学生查询购置税的计算方式，教师再次进行讲解。

购置税的税率一般都是 10%，车辆购置税的计算方法是车辆的开票价格除以 1.17 再乘以 0.1。

其中，除以 1.17 是扣除掉开票价格中增值税的部分；乘以 0.1 是乘以车辆购置税的税率。

举例来说，一辆开票价格为 10 万元的车，其购置税为 10 万除以 1.17 再乘以 0.1，约为 8547 元。

2. 学生查询车辆保险种类并进行分享，教师予以补充（表 11-2）。

表 11-2　车辆保险种类

序号	保险种类	说明（每种保险提取 5 个关键词）

3. 根据讲解与分享内容，各小组完成车辆销售单，并保留计算步骤。

五、交流与展示（15 分钟）

1. 各小组推选一名代表进行汇报展示。展示内容主要包括车辆品牌、车型、价格、性能等。

2. 其余小组仔细聆听，分别挑选 1 名同学扮演客户进行提问。

3. 以上两个步骤反复进行，直到所有小组展示完毕。

参考提问：

1. 车辆落地价格是多少?

2. 落地价格如何计算？

3. 保险如何计算？

4. 你推荐的车最大的亮点是什么？

六、评价与总结（10 分钟）

1. 各小组分别进行总结。

2. 教师进行总结和提问。

参考提问：

1. 你们小组的设计思路是什么？

2. 你们小组在设计意见上是否有分歧？

3. 你们小组在计算时，哪个步骤遇到了困难，是如何解决的？

◇ 教学建议

本次教学内容主要以实践展示为主，教师可将教学重点放在应用与展示上。

阅读材料 11-1

车辆保险种类按性质可以分为强制保险与商业险。

强制保险（交强险）是国家规定强制购买的保险。国家交强险的基础费率一共可以分为 42 种，一种交强险的具体费率也有很大区别，但是针对同一种车型，我们国家在交强险方面执行统一价格，家用车是 6 个座位以下的话，那么第一年的交强险是 950 元，家用车（6 座以上）首次需要缴纳的保费为 1100 元。如果第一年未发生过有责任道路交通事故，那么交强险的费率会下调 10%，如果两年之内没有发生任何交通事故，第三年交纳交强险的费率将会下调 20%，如果三年或者是三年以上都没有发生任何的道路事故，那么交强险的费率将会下调 30%。

车船险以北京市出台的《车船税税目税额表》为例，车船税征收标准参见以下内容：以最为常见的载客汽车为例，其具体划分为大型客车、中型客车、小型客车和微型客车 4 个子税目。其中，大型客车是指核定载客人数大于或者等于 20 人的载客汽车；中型客车是指核定载客人数大于 9 人且小于 20 人的载客汽车；小型客车是指核定载客人数小于或者等于 9 人的载客汽车；微型客车是指发动机气缸总排气量小于或者等于 1 升的载客汽车。普通私家车一般为"小型客车"，故每年的车船税缴税额为 480 元。

2018 年 7 月 10 日财政部发布通知，对节能汽车减半征收车船税，对新能源车船免征车船税。

商业险是非强制购买的保险，车主可以根据自身的情况进行选择性投保。

车辆保险种类根据保障的责任范围还可以分为基本险和附加险。基本险包括商业第三者责任险、车辆损失险、全车盗抢险、车上人员责任险共 4 个独立的险种，投保人可以投保其中部分险种，也可以投保全部险种。

车辆损失险的附加险：玻璃单独破碎险、自燃损失险、新增设备损失险。（必须先投保车辆损失险后才能投保这几个附加险）

第三者责任险的附加险：车上人员责任险、无过错责任险、车载货物掉落责任险等。（必须先投保第三者责任险后才能投保这几个附加险）

投保不计免赔特约险，必须先同时投保车辆损失险和第三者责任险。

第十二章

制作水流星模型 —— 圆的方程

◇ 学习背景与预期目标

水流星是一项中国传统民间艺术，即在一根彩绳的两端各系一只玻璃碗，内盛上水，演员甩绳舞弄，晶莹的玻璃碗飞快地旋转飞舞，而碗中之水不洒点滴。在水流星表演中，杯子在竖直平面做圆周运动，在最高点时，杯口朝下，但杯中水却不会流下来，这是为什么呢？其实，水流星是利用了物理中的向心力原理。

本课内容主要利用圆的方程制作水流星模型，从而探究向心力原理。

◇ 适用专业

高级工——全部专业

◇ 知识点

圆的方程

◇ 建议学时

2课时（90分钟）

◇ 教学准备

学材：A4纸（各组4张）、12色彩笔（各组1盒）、一次性纸杯（各组4个）、绳子（各组4根）、圆规（各组4个）、尺子（各组2把）

分组设置：4人一组

◇ 任务概述

制作水流星模型。

◇ 教学过程

一、创设情景（10分钟）

教师用PPT展示水流星的图片或者视频，并进行提问。

参考提问：

1.什么是水流星？

2.水流星的轨迹是什么？

3.你看过类似的杂技吗？

二、原理探究（20分钟）

1.教师讲解圆的定义：平面内与定点距离等于定长的轨迹称为圆。

2.尝试借助圆规绘制圆。（要求：大小、位置相同）

3.讲解圆的圆心、半径表示方式。

4.讲解在平面直角坐标系中绘制圆的方程的重点与难点。（圆心、半径的确定）

5.探究一般的圆的方程。

（1）绘制图像，如图12-1所示。

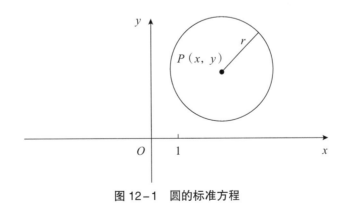

图12-1 圆的标准方程

（2）书写标准推导步骤。

6.探究特殊的圆的方程。

（1）绘制图像，如图 12-2 所示。

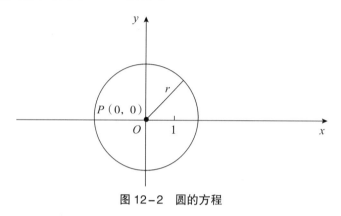

图 12-2 圆的方程

（2）书写标准推导步骤。

参考提问：

1. 什么是圆？

2. 圆和椭圆的区别是什么？

3. 如何在平面直角坐标系中画出一个圆？

4. 如何使用距离公式探究圆的方程？

5. 如何使用勾股定理探究圆的方程？

三、制作水流星模型（15 分钟）

1. 小组讨论，写出要制作的模型的圆的方程。

2. 使用尺子量出模型的半径，并将绳子进行裁剪。

3. 用绳子将一次性纸杯或水瓶系好。

4. 将水倒入一次性纸杯，进行实验（图 12-3）。

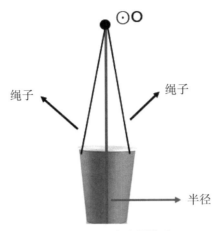

图 12-3　水流星模型

四、美化模型（10 分钟）

小组讨论，将制作的水流星模型进行美化。

（1）在 A4 纸上画出平面直角坐标系。

（2）将圆的方程图像画在坐标系中。

（3）将画出的圆进行涂色与美化（图 12-4）。

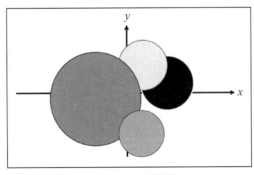

图 12-4　美化图

（4）根据杯子的侧表面积进行剪裁和粘贴（图 12-5）。

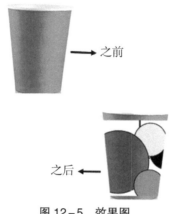

图 12-5 效果图

五、交流与展示（20 分钟）

1. 各小组挑选音乐进行排练，并有一个不少于 2 分钟的水流星展示。

2. 其余小组仔细观察，并进行提问。

参考提问：

1. 你们组水流星的方程是什么？

2. 你们组为何选取该音乐？

3. 在排练过程中，你们组遇到了什么难题？

六、评价与总结（15 分钟）

1. 各小组分别进行总结与展示。

2. 教师进行总结和提问。

参考提问：

1. 你们组是如何进行分工的？

2. 如果再给你们组一次机会，你们打算在哪些地方进行改进？

3. 标准方程中，a、b 与圆心有什么关系？

4. 如何从圆的方程中找到半径？

◇ 教学建议

1. 教师可以让学生分组进行展示，其他组打分，以增加竞技性。

2. 本次教学内容主要以数学实验的方式进行，教师需要课前准备教具或让学生自行制作。

第十三章

设计电路图 —— 与或非

◇ 学习背景与预期目标

电给我们的生活带来了极大的便利，但是用电不当也会带来巨大的危害。因此，应该尽可能做好控制电路的设计，避免危险。

本课内容主要为交并补的基础知识。通过使用布尔代数设计电路图，最终掌握基础知识。

◇ 适用专业

高级工——电气专业

◇ 知识点

与或非

◇ 建议学时

2 课时（90 分钟）

◇ 教学准备

学材：A4 纸（各组 4 张）、12 色彩笔（各组 1 盒）、尺子（各组 2 把）

分组设置：4 人一组

◇ 任务概述

学校三层办公楼的楼梯合用一个照明灯。这样的开关线路你会设计吗？

◇ **教学过程**

一、创设情景（10分钟）

教师用 PPT 展示案例。

某教室里有两盏灯，分别用灯 A、灯 B 表示。深色代表灯亮，白色代表灯灭。

（1）根据图 13-1 中教室情况，填写表 13-1。

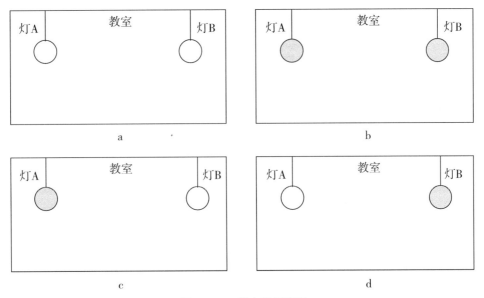

图 13-1　教室亮灯情况

表 13-1　教室亮灯情况（1）

序号	灯 A 亮/灭	灯 B 亮/灭	教室亮/灭
图 13-1a			
图 13-1b			

续表

序号	灯A亮/灭	灯B亮/灭	教室亮/灭
图 13-1c			
图 13-1d			

（2）灯亮用 1 表示，灯灭用 0 表示，教室有灯光用 1 表示，教室没有灯光用 0 表示。完成表 13-2。

表 13-2　教室亮灯情况（2）

序号	灯A亮/灭	灯B亮/灭	教室亮/灭
图 13-1a			
图 13-1b			
图 13-1c			
图 13-1d			

参考提问：

1.灯 A、灯 B 的亮 / 灭与教室里是否有灯光有何逻辑关系？

2.什么是逻辑关系？

二、知识讲解（20 分钟）

学生查询"与""或""非"逻辑关系，并完成表 13-3。

表 13-3　逻辑关系（1）

	与	或	非
定义			
表示方式			
图示			
逻辑表达式			

参考提问：

1. "与""或""非"的逻辑关系是什么？

2. "与""或""非"的区别是什么？

三、探究逻辑代数的基本规律（20 分钟）

完成表 13-4。

表 13-4　逻辑关系（2）

逻辑关系	表达式
与	
或	
非	
与或	
或与	
与非	
或非	
或与非	

续表

逻辑关系	表达式
异或	
同或	

四、完成任务（20分钟）

根据任务要求设计电路图，并填写设计思路，画出电路图。

教室亮灯情况的设计电路如图 13-2 所示。

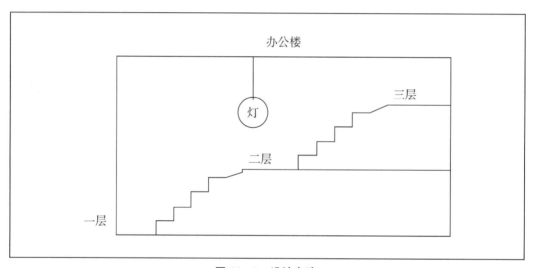

图 13-2　设计电路

　　要求：现设计一个开关，它的功能是可以在三层楼的任何一层开灯以照明楼梯，待上下楼到其他两层后再把灯关掉。

设计思路：

电路图：

五、交流与展示（10 分钟）

1. 各小组至少派 1 名代表进行展示与介绍。

2. 其余小组仔细聆听，并进行提问。

参考提问：

1. 你们如何选择开关位置？

2. 你们组认为哪里还能优化？

3. 在设计过程中，你们组遇到了什么难题？

六、评价与总结（10 分钟）

1. 各小组分别进行总结与展示。

2. 教师进行总结和提问。

参考提问：

1. 你们组是如何进行分工的？

2. 你们打算在哪些地方进行改进？

◇ 教学建议

1. 对于电气专业的学生，可以减少基础知识的讲解，把重点放在设计本身。

2. 根据班级情况，教师可以适度更改任务条件，从而增加或降低难度。

第十四章

绘制地图 —— 平面直角坐标系的应用

◇ 学习背景与预期目标

北京是中华人民共和国的首都，是全国的政治中心、文化中心，是世界著名古都和现代化国际城市，拥有无数的名胜古迹、文化遗产及美食。小明同学很想来北京旅游，但新冠肺炎疫情期间不方便出行，你可以带小明同学来一场"云"旅游吗？

本课内容主要运用平面直角坐标系的相关知识来绘制关于北京景点或美食的地图。

◇ 适用专业

高级工——全部专业

◇ 知识点

平面直角坐标系

◇ 建议学时

2 课时（90 分钟）

◇ 教学准备

学材：A4 纸（各组 4 张）、12 色彩笔（各组 1 盒）、尺子（各组 2 把）
分组设置：4 人一组

◇ 任务概述

普通专业：使用平面直角坐标系绘制关于北京景点或美食的地图，并进行介绍。

旅游/导游专业：使用不同的旅行主题介绍北京名胜古迹。

程序专业：用 C 语言讲述北京特色文化。

◇ 教学过程

一、创设情景（10 分钟）

教师用 PPT 展示北京景点图片（如天安门、故宫、北海等）

参考提问：

1. 这些景点你们都去过吗？

2. 如何找到这些景点？

3. 你还知道哪些名胜古迹？

二、接受任务（10 分钟）

1. 小组讨论要绘制的关于景点或美食的地图元素，至少 10 个。

2. 小组使用相关 APP 查找景点的位置。

3. 教师说明绘制地图的要求——使用平面直角坐标系绘制。

4. 通过观察地图进行数学建模，要以天安门为原点，中轴线为 y 轴，长安街为 x 轴。

5. 阅读比例尺的相关资料内容，各小组进行单位长度的确定，并确定景点或美食的坐标。

6. 将景点或美食绘制在平面直角坐标系上。

7. 根据所选择的景点或美食，制作宣传册。

参考提问：

1. 如何才能更好地临摹制作出一张地图？或者如何运用数学知识画一张地图？

2. 如何进行比例尺计算？

3. 如何确定景点坐标？

三、绘制地图（20 分钟）

1. 小组讨论，写出至少 10 个景点或美食。

2. 绘制平面直角坐标系，标注 x 轴、y 轴和原点。

3. 使用比例尺计算坐标。

4. 将景点或美食的图片粘贴或绘制在地图上。

四、制作宣传册（15 分钟）

将筛选出的景点或美食进行介绍，并制作至少 1 页宣传册。

五、交流与展示（20 分钟）

1. 各小组至少派 1 名代表进行展示与介绍。

2. 其余小组仔细聆听，并进行提问。

参考提问：

1. 你们选择了哪 10 个景点或美食？

2. 在排练过程中，你们遇到了什么难题？

六、评价与总结（15 分钟）

1. 各小组分别进行总结与展示。

2. 教师进行总结和提问。

参考提问：

1. 你们组是如何进行分工的？

2. 如果再给你们组一次机会，你们打算在哪些地方进行改进？

3. 标准方程中 a、b 与圆心有什么关系？

4. 如何从圆的方程中找到半径？

◇ 教学建议

1. 教师可以让学生分组进行展示打分，以增加竞技性。

2. 根据班级情况，教师可以课前准备坐标点或让学生自行使用 APP 进行查阅。

3. 对于旅游/导游专业的学生，重点可以放在介绍景点上。

4. 对于程序专业的学生，可以将制作宣传册这一环节替换成使用计算机语言制作旅游景点介绍小程序。

第十五章

数控衬板检测 —— 距离公式的应用

◇ 学习背景与预期目标

使用专业工具进行测量是数控专业学生的必备技能之一。距离公式具有快捷、简便、高效的特点，在学习和生产活动中能够提升运算速度，提高工作效率。

本课内容主要是距离公式的应用。使用距离公式准确计算点到点、点到直线的距离，以提升数学计算能力、建模能力，提高数学学科核心素养。

◇ 适用专业

高级工——数控专业

◇ 知识点

距离公式、三角函数、勾股定理

◇ 建议学时

2 课时（90 分钟）

◇ 教学准备

学材：A4 纸（各组 5 张）、12 色彩笔（各组 1 盒）、游标卡尺（各组 1 把）、待测量工件（各组 1 把）、图纸（各组 1 张）、检测单（各组 4 张）

分组设置：4 人一组

◇ 任务概述

有一批已经由企业新入职员工加工出的工件——衬板，为了保证加工质量，现委托数控专业的学生根据加工图纸进行检测，填写衬板质量检验记录单，并将合格产品与不合格产品分别进行标注（图 15-1、图 15-2、

表 15-1)。

1. 由于图纸中 *AB*、*AD*、*CD* 的距离未进行标注，因此需要绘制平面直角坐标系并使用距离公式求解出未标注长度。

2. 使用游标卡尺测量图纸中已标出的误差，判断工件是否合格。

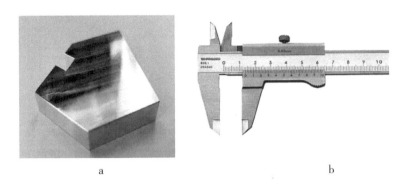

a　　　　　　　　　b

图 15-1　待检测工件与检测工具

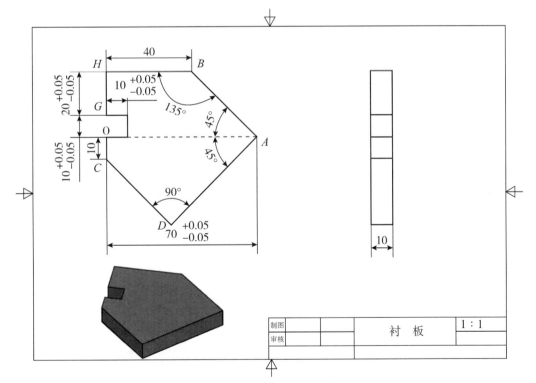

图 15-2　待检测工件加工图纸（单位：cm）

表 15-1　衬板质量检验记录单

序号	鉴定项目	精度指标	自检	结果判定
1				
2				
3				
4				
5				
6				
7				
8				
组内检验员签字				
专检检验员签字				

◇ 教学过程

一、明确任务（10 分钟）

1. 教师通过 PPT 展示工件、图纸，布置本次测量任务。

2. 同学们对已知边长和未知边长进行分析。

3. 写出工作步骤。

参考提问：

1. 从图纸中得知，哪些边未知？

2. 从图纸中得知，哪些边已知？

二、建立平面直角坐标系（20 分钟）

1. 展示 3D 模型，讨论测量零件的步骤。

2. 填写《衬板质量检验记录单》。

3. 建立平面直角坐标系，并绘制坐标原点（图 15-3）。

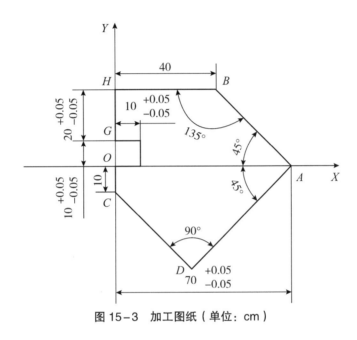

图 15-3　加工图纸（单位：cm）

4. 展示《衬板质量检验记录单》。

参考提问：

1. 如何建立平面直角坐标系？

2. 两点距离公式、点到直线的距离公式分别是什么？

三、计算距离（30 分钟）

1. 小组讨论，使用距离公式计算 *AB*、*AD*、*CD* 的长（表 15-2）。

表 15-2 求 AB、AD、CD 的长

AB	AD	CD
解： 由图 15-3 得 $A(70,0)$，$B(30,0)$。 使用点到点公式： $\lvert AB \rvert$ $=\sqrt{(x_2-x_1)^2+(y_2-y_1)^2}$ $=\sqrt{(40-70)^2+(30-0)^2}$ $=\sqrt{(30)^2+(30)^2}$ $=30\sqrt{2}$， $\therefore \lvert AB \rvert = 30\sqrt{2}$	解： $\tan(-45°)=-1=k_{CD}$， $\because$ 由图 15-3 得 $C(0,-10)$， 使用点斜式 $y=kx+b$， $x+y+10=0$， $\therefore$ 使用点到直线的距离公式： $\lvert AD \rvert = \dfrac{\lvert kx_0-y_0-b \rvert}{\sqrt{k^2+1}}$ $= \dfrac{\lvert 1\times 70+0+10 \rvert}{\sqrt{1^2+1}}$ $=40\sqrt{2}$， $\therefore \lvert AD \rvert = 40\sqrt{2}$	解： 由图 15-3 得 $\angle OAD=45°$， $\therefore \tan(45°)=1=k_{AD}$。 由图 15-3 得 $C(0,-10)$，$A(70,0)$， 使用点斜式 $y=kx+b$， $x-y-70=0$， $\therefore$ 使用点到直线的距离公式： $\lvert CD \rvert = \dfrac{\lvert kx_0-y_0+b \rvert}{\sqrt{k^2+1}}$ $= \dfrac{\lvert 0+10-70 \rvert}{\sqrt{1^2+1}}$ $=30\sqrt{2}$， $\therefore \lvert CD \rvert = 30\sqrt{2}$

2. 小组讨论，并进行展示。

参考提问：

1. 如何计算出图纸中 AB、AD、CD 的距离？

2. 当两条直线的斜率存在何种关系时，两条直线垂直？

3. 两点距离公式中，x_1、x_2 可以更换位置吗？

四、测量工件（10分钟）

1. 使用适合的工具进行测量，并判断工件是否合格。

2. 填写测量的数据。

参考提问：

1. 如何使用游标卡尺？

2. 除了游标卡尺以外，还可以使用什么？

五、判断工件误差（10 分钟）

1. 根据各项误差值，判断该工件是否合格。

2. 用"合格"与"不合格"标签进行标注。

参考提问：

1. 如何理解误差？

2. 如何判断误差？

六、反思与总结（10 分钟）

学生总结本节课的知识与内容。

参考提问：

1. 距离公式还可以用在什么地方？

2. 你认为任务中最困难的地方是什么？

◇ 教学建议：

1. 教师可以在最后一个步骤进行简单测试，从而检验教学成果。

2. 本次课程需要确保学生会使用游标卡尺。

第十六章

制作指数函数模型 —— 认识指数函数

◇ 学习背景与预期目标

作为一种基本函数，指数函数不但是重要的初等函数，而且在生产生活中有着广泛的应用，如细胞分裂、贷款利率的计算，考古中的年代测算等。

本课内容主要为指数函数的相关内容。本课旨在通过学生手工制作模型，分析指数函数的图像和性质。

◇ 适用专业

高级工——全部专业

◇ 知识点

指数函数

◇ 建议学时

2 课时（90 分钟）

◇ 教学准备

学材：A4 纸（各组 10 张）、12 色彩笔（各组 1 盒）、绳子（各组 4 根）、胶棒（各组 4 个）、尺子（各组 2 把）

分组设置：4 人一组

◇ 任务概述

制作指数函数模型。

◇ 教学过程

一、创设情景（5分钟）

1. 学生观察细胞分裂数据（表16-1），并寻找规律。

表 16-1　细胞分裂数据

分裂次数	数量 / 个
1	2
2	4
3	8
4	16
…	…
n	2^n

2. 教师进行提问。

参考提问：

1. 第一次分裂和第二次分裂有什么关系？

2. 第二次分裂和第三次分裂有什么关系？

3. 如何表示第 n 次分裂？

二、模型制作（25分钟）

1. 进行指数计算，计算结果填入表16-2。

表 16-2　指数计算（1）

题目	2^{-1}	2^0	2^1	2^2	2^3	2^4	2^5
答案							

2. 用彩纸进行手工制作，如图 16-1 所示。

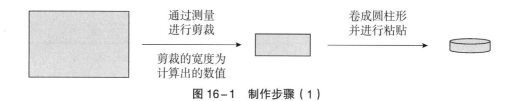

图 16-1　制作步骤（1）

3. 重复制作步骤（2），共 7 次，并在每个圆柱上标注出大小，如图 16-2 所示。

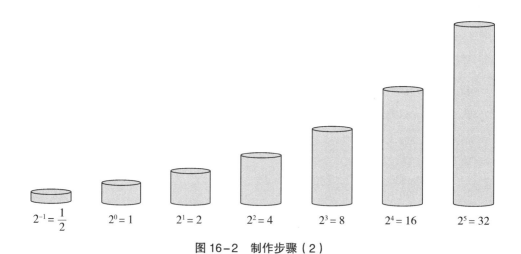

图 16-2　制作步骤（2）

4. 将每个圆柱进行粘贴，如图 16-3 所示。

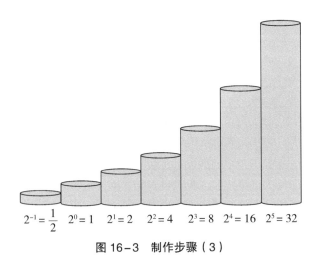

$2^{-1} = \dfrac{1}{2}$　$2^0 = 1$　$2^1 = 2$　$2^2 = 4$　$2^3 = 8$　$2^4 = 16$　$2^5 = 32$

图 16-3　制作步骤（3）

5. 使用绳子将模型的大致轮廓粘起来，如图 16-4 所示。

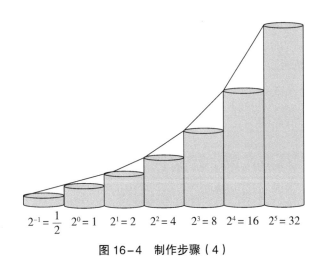

$2^{-1} = \dfrac{1}{2}$　$2^0 = 1$　$2^1 = 2$　$2^2 = 4$　$2^3 = 8$　$2^4 = 16$　$2^5 = 32$

图 16-4　制作步骤（4）

6. 根据制作的模型绘制指数函数图像。

函数：$y=2^x$

（1）列表

x							
y							

（2）画图、描点

（3）连线

参考提问：

1. 什么是函数？

2. 什么是指数函数？

3. 什么是负指数幂？

三、制作指数函数模型（25 分钟）

1. 进行指数计算，计算结果填入表 16-3。

表 16-3 指数计算（2）

题目	2^{-5}	2^{-4}	2^{-3}	2^{-2}	2^{-1}	2^0	2^1
答案							

2. 用彩纸进行手工制作，如图 16-1 所示。

3. 重复制作步骤（2），共 7 次，并在每个圆柱上标注出大小，如图 16-5 所示。

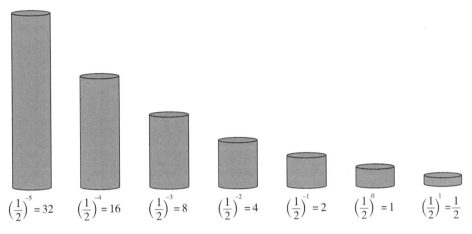

图 16-5　制作步骤（5）

4. 将每个圆柱进行粘贴，如图 16-6 所示。

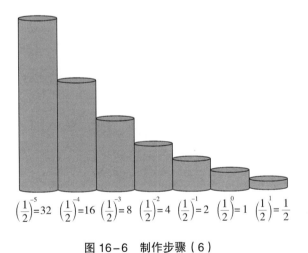

图 16-6　制作步骤（6）

5. 使用绳子将模型的大致轮廓粘起来，如图 16-7 所示。

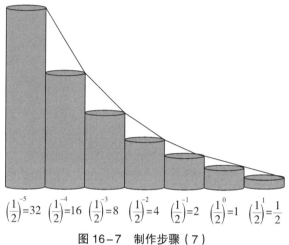

$\left(\frac{1}{2}\right)^{-5}=32$　$\left(\frac{1}{2}\right)^{-4}=16$　$\left(\frac{1}{2}\right)^{-3}=8$　$\left(\frac{1}{2}\right)^{-2}=4$　$\left(\frac{1}{2}\right)^{-1}=2$　$\left(\frac{1}{2}\right)^{0}=1$　$\left(\frac{1}{2}\right)^{1}=\frac{1}{2}$

图 16-7　制作步骤（7）

6. 根据制作的模型绘制指数函数图像。

函数：$y=\left(\dfrac{1}{2}\right)^{x}$

（1）列表

x							
y							

（2）画图、描点

（3）连线

四、总结性质（10分钟）

1. 将两个图像绘制在一起（图16-8）。

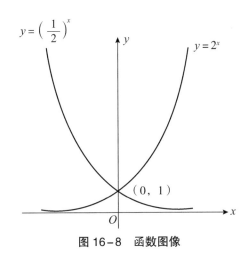

图16-8　函数图像

2. 根据图像，填写指数函数性质（表16-4）。

表16-4　指数函数性质

函数	$y=a^x$, $x\in R$	
	$a>1$	$a<1$
定点		
单调性		

参考提问：

1. 什么是定义域？

2. 什么是增函数，什么是减函数？

3. 指数函数是否都过（0，1）点？

五、交流与展示（15 分钟）

1. 小组讨论，将制作的模型进行美化。

2. 各小组分别展示自己制作的模型，并讲解性质。

3. 其余小组仔细聆听，并进行提问。

参考提问：

1. 指数函数的值域是什么？

2. 在制作过程中，你们组遇到了什么困难？

六、评价与总结（10 分钟）

1. 各小组分别进行总结与展示。

2. 教师进行总结和提问。

参考提问：

1. 指数函数和幂函数有什么区别？

2. 绘制图像有哪些步骤？

◇ 教学建议

1. 教师可以根据班级情况，决定课前是否进行指数基本计算的复习。

2. 教师可以将重点放在模型的制作和性质讲解上。